图解电、磁及永磁电机
基础知识入门

苏绍禹　著

机械工业出版社

本书图文并茂、内容丰富、浅显易懂，并辅以卡通人物介绍，是一本引人入胜的、通俗的科普书。本书共有三篇，第一篇为图解电的基础知识入门，这一篇深入浅出地揭示电的产生、电流及其效应和应用。之所以以电为先，是因为电和磁是一对不能分开的孪生兄弟，有电流就有磁场，磁场变化时就产生电流。第二篇为图解永磁体基础知识入门，永磁体具有对外做功不消耗其自身磁能的特点，从某种意义上说，永磁体磁能不遵守能量守恒这一特性为永磁体的广泛应用奠定了基础。在这篇里将介绍永磁体的性质，永磁体磁极的串联和并联及其磁感应强度及如何串联、并联永磁体磁极，也将给出永磁体磁极在永磁电机中的各种布置形式及其效果。第三篇为图解永磁电机基础知识入门，这篇将讲述如何利用永磁体对外做功不消耗其自身磁能这一特性设计制造出多种型号、多种规格的适用于各种工况的永磁电机。在这篇中将介绍永磁发电机机理和永磁电动机机理，也将介绍永磁有刷、永磁无刷靴式直流电动机；永磁有刷有槽、永磁无刷有槽直流电动机；永磁有刷盘式、永磁无刷盘式直流电动机及永磁交流电动机的结构和用途。永磁电机与常规电机相比，重量轻、体积小、噪声小、温升低、效率高、节能10%~20%、寿命长、易于管理、便于维护，也对节能减排有重要意义。

本书适合初中以上文化程度的人士阅读参考，也可以供非电机行业从业人员，但对永磁电机相关知识感兴趣的读者阅读，并帮助他们了解电、磁、永磁体及永磁电机的相关知识。

图书在版编目（CIP）数据

图解电、磁及永磁电机基础知识入门 / 苏绍禹著 .—北京：机械工业出版社，2019.7（2025.3 重印）
ISBN 978-7-111-62959-7

Ⅰ . ①图…　Ⅱ . ①苏…　Ⅲ . ①永磁式电机 – 图解　Ⅳ . ① TM351-64

中国版本图书馆 CIP 数据核字（2019）第 116165 号

机械工业出版社（北京市百万庄大街 22 号　邮政编码 100037）
策划编辑：江婧婧　　责任编辑：江婧婧　翟天睿
责任校对：杜雨霏　　封面设计：鞠　杨
责任印制：单爱军
北京虎彩文化传播有限公司印刷
2025 年 3 月第 1 版第 5 次印刷
169mm×239mm · 11.25 印张 · 211 千字
标准书号：ISBN 978-7-111-62959-7
定价：55.00 元

电话服务　　　　　　　　网络服务
客服电话：010-88361066　机 工 官 网：www.cmpbook.com
　　　　　010-88379833　机 工 官 博：weibo.com/cmp1952
　　　　　010-68326294　金 　书 　网：www.golden-book.com
封底无防伪标均为盗版　机工教育服务网：www.cmpedu.com

前　言

当你用手机看新闻，用手机微信传送图像、视频或语音时，你会想到这是什么原理吗？当你看到苏–30航模从你头顶的上空掠过时，当你看到四旋翼直升机在农田上方播撒农药和施肥时，你会想到它们的飞行动力吗？你知道孩子们玩的遥控车是由什么驱动的吗？当你看到成排的利用太阳能发电的光伏面板时，当你看到塔架高60余米的风电机组发电并网时，你知道它们是如何发电的吗？当你看到电动汽车、电动自行车奔驰在马路上，你知道它们用的是什么电动机吗？美国已将电磁弹射技术用在了航母弹射舰载机上，现在正在研制电磁炮。中国早已在上海建造了磁悬浮列车，不过速度不太快，现在正准备建造速度达600km/h的磁悬浮列车。你知道磁和电有什么关系吗？

现代科学技术研究领域的重点之一就是电与磁、永磁体和永磁电机，我们应该对它们的基础知识有所了解和掌握。

作者的《永磁发电机机理、设计及应用》和《永磁电动机机理、设计及应用》两本书出版以来，受到广大读者的欢迎。由于这两本书理论性和专业性较强，而有些读者也希望看到更通俗易懂的关于电、磁、永磁体以及永磁电机的图书，因此机械工业出版社的江婧婧编辑建议作者写一本通俗易懂、图文并茂的普及永磁发电机和永磁电动机基础知识的科普书。为此，作者编写了《图解电、磁及永磁电机基础知识入门》这本科普书。

这本科普书分为三篇，第一篇是图解电的基础知识入门，这是因为电和磁是一对孪生兄弟，有电流就有磁场，磁场变化就会产生电流，现在的永磁体也是用直流电的磁场得到的。第二篇是图解永磁体基础知识入门，由于永磁体具有的独特性质为其广泛应用奠定了基础，永磁体最典型的特性是一旦永磁体材料被磁化变成永磁体之后，永磁体对外做功不消耗其自身磁能，从某种意义上说，永磁体磁能不遵守能量守恒。第三篇是图解永磁电机基础知识入门，这是本书的重点，由于永磁体具有对外做功不消耗其自身磁能的特点，所以利用永磁体这一特性设计制造出了各种型号、各种规格，适于各种工况的永磁电机。永磁电机与常规电机相比，其结构简单、体积小、重量轻、噪声小、温升低、效率高、节能10%~20%、易于管理、便于维护、寿命长。

本书语言浅显易懂，辅以卡通人物介绍，引人入胜。本书适合初中以上文化程度的读者，以及非电机行业从业人员，对永磁电机相关知识感兴趣的读者。

本书涉猎的知识面很宽，虽然经过作者四次增减修改，但因作者学识有限，仍难免出现错误，敬请读者批评指正，作者不胜感谢！

在此，对机械工业出版社电工电子分社及江婧婧编辑对作者的支持表示衷心的感谢！

苏绍禹

2019 年 5 月于长春

目　录

第三篇　图解永磁电机基础知识入门

本书中的卡通人物

我是电子，我的定向移动就是电流，在我定向移动时就产生磁场，人们常用 e 来表示我。

有很多方法可以产生电，总的说来有两种方法，其一是不用发电机产生电，如摩擦生电、化学反应生电、温差生电、燃料电池生电、太阳能发电等；其二是用发电机发电，它是通过发电机将其他能量转换成电能，如火电、水电、风电、核电、地热发电、浪涌发电、潮汐发电、海流发电等。

自从有了电，就改变了世界各国人民的生产、生活方式，有了电，世界发生了革命性的变化。有了电，发明了电灯，人们不再点蜡烛或煤油灯照明了。有了电，又发明了电话、电报、无线电、雷达、电视、手机、电脑……实现了人类梦寐以求的远距离通信、信息交流及远距离控制。有了电，发明了电动机，用电动机去拖动机械设备，大大地提高了劳动生产率，促进了生产力的发展和社会的进步。现在，航天、航空、舰船、汽车、医疗器械、电动汽车、电动自行车、家电机器人……无处不用电，电已经成为人类生产、生活不可或缺的要素。

我是永磁体，我在成为永磁体之前，内部的分子或晶粒周围的电子在各自空间轨道上绕着原子核或晶粒运动。当在很强的均匀外磁场的作用下，我内部的分子或晶粒周围的电子改变了原来的空间轨道，立即变为绕原子核或晶粒的平面环流运动，这些电子的环流运动构成了永磁体的基元磁极，我就成了永磁体。我的磁场方向与外磁场方向相同。

永磁体形成后，永磁体的物理性质，如强度、硬度、化学成分、颜色等都没有改变，只是电子绕原子核或晶粒运动的轨道改变了而已。

永磁体对外做功不消耗其自身的磁能，从某种意义上说，永磁体磁能不遵守能量守恒。人们利用永磁体的这个特性，发明了永磁电机。永磁电机与同功率的电励磁电机相比体积更小，重量减轻 40%~60%，效率提高 2%~8%，温升降低 10℃ 以上，噪声减小 2~8dB，节能 10%~20% 以上，功率因数高且结构简单，便于维护。

第一篇

图解电的基础知识入门

从矿山的开采、选矿、冶炼、轧制、加工，煤炭及天然气的开采、输送，航天、航空、舰船、高铁、汽车、电动汽车、电动自行车，机械制造行业、电脑、数字传输、自动控制、机器人、医疗卫生行业、农业、牧业、林业、渔业到家用电器、儿童玩具都必须用电。电能，已经成为世界各国生产、生活等不可或缺的能源。

电能对人类如此重要，但电能不是第一能源，电是由其他能源转换而来的。电是什么？电从何处来？电有什么效应？如何安全用电？让我们来揭示电的奥秘。

第一章

电的产生

现在已知产生电的方法有很多种，主要可分为不用发电机的生电和用发电机发电两种方式。

1. 不用发电机的生电

不用发电机的生电有摩擦生电、化学反应生电、温差生电、燃料电池发电、太阳能发电等如图 1-1-1 所示。

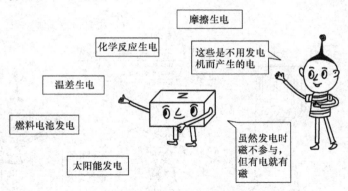

图 1-1-1 不用发电机的生电

（1）摩擦生电 有的不同的电介质相互摩擦可以生电，如丝绢摩擦玻璃棒，会在玻璃棒上产生正电荷等。

（2）化学反应生电 化学反应生电是某些物质在发生化学反应的过程中生电，如我们日常使用的干电池，也称一次性电池，就是化学反应生电最典型的例子。

（3）温差生电 两种不同的金属一端连接并被加热，未被加热的两端便有电位差。当用电流表测量会有电流，这种由于不同金属的不同温度差产生的电称作温差生电。

（4）燃料电池发电 氢气和氧气相互作用发生化学反应的过程中会产生电，这种电可以充入蓄电池，也可以向用电器直接供电。

（5）太阳能发电 太阳能通过太阳电池板将太阳能直接转换成电能的发电

方法称作太阳能发电，太阳能是无污染可再生的清洁能源。进入 21 世纪以来，世界各国的太阳能发电技术发展迅速，中国是太阳电池板（也称光伏发电）最大的生产国。

2. 发电机发电

发电机发电主要有火电、水电、风电、核电、潮汐发电、海流发电、地热发电等，如图 1-1-2 所示。

（1）火电　火电是以煤炭、天然气等化石类能源为燃料，利用其燃烧时释放出的热去加热水，使之成为高压蒸汽并驱动汽轮发电机发电。目前，火电是世界各国供电的主要方式，中国火电约占总供电量的 70%。由于火电在燃烧煤炭、天然气等化石类能源时会产生大量的 CO_2、SO_2 等有害气体及粉尘，对自然环境造成破坏，如 CO_2 会改变地球的局部气候，造成各种各样的自然灾害；SO_2 会形成酸雨，破坏建筑物、腐蚀金属材料并对森林和农作物造成危害，因此世界各国都在减少火电的使用，而用无污染可再生的清洁能源发电来代替火电。

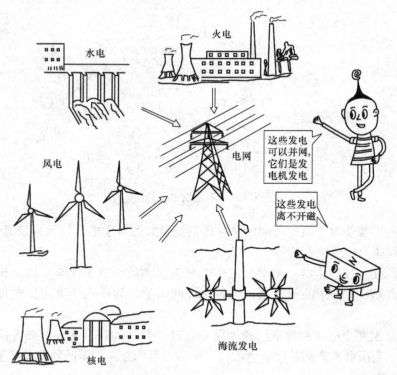

图 1-1-2　发电机发电

（2）水电　水电是利用水的势能和动能驱动水轮发电机发电，水的势能和动能是无污染、可再生的清洁能源。中国水电约占总供电量的 23%。

（3）风电　风能是无污染、可再生、不分国界、不用花钱就可以得到的清洁能源。风电就是利用风的动能驱动风力机转动，风力机再驱动发电机发电。目前中国风电约占总供电量的5%。当中国风电达到总供电量的12%，甚至达到总供电量的20%时，中国火电会相应地减少，从而减少大量的 CO_2、SO_2 等有害气体和粉尘的排放，将会大大地改善中国的气候环境。

（4）核电　核电是利用核反应释放的热加热水，使其成为高压蒸汽后再驱动汽轮发电机发电。目前，中国核电约占总供电能力的2%，中国核电还在持续发展中。

核电虽然没有 CO_2、SO_2 等有害气体排放，但核电的安全性引起了全世界核电国家的高度重视，其一是防止核爆炸；其二是防止核泄漏；其三是反应后的乏燃料处理。人们不会忘记苏联切尔诺贝利核电站一个核反应堆爆炸造成20余万人死伤及严重污染的可怕后果，更不会忘记2011年3月12日日本福岛核电站在9级地震及海啸的冲击下造成核泄漏致使周边环境受到核辐射和污染，几十万人不得不背井离乡躲避核辐射。日本福岛核电站的核泄漏或许需要10年甚至20年才能治理完毕。

（5）潮汐发电　潮汐发电是利用海水涨潮和落潮时海水的势能和动能驱动水轮发电机发电，潮汐能是无污染、可再生的清洁能源。

（6）海流发电　海流发电是利用海水流动的动能驱动水轮发电机发电，海流动能是无污染、可再生的清洁能源。

（7）地热发电　地热发电是利用地下的热水的热量或蒸汽的动能驱动汽轮发电机发电，地热能是无污染、可再生的清洁能源。

第一节　摩擦生电

1. 摩擦生电

公元前600年，古希腊哲学家塞利斯（Thales）发现，一块琥珀与布摩擦能吸引草屑。约2000年前，中国哲学家王充也发现，一块琥珀与兽皮摩擦会发出火花。然而，当时并不知道这一现象就是摩擦生电。

在日常生活中，我们也常见到摩擦生电现象。当脱下尼龙类材料织成的毛衣时，会听到噼啪的响声并会看到有白色的小火花，有时也会感到电击的刺痛感。

你会看到油罐车的后车架有一条有弹性的橡胶带拖到地上，这是导电橡胶带，它将车行走时油罐内的油与油罐内壁摩擦产生的静电引到地上，防止油罐产生的静电越积越多，从而放电产生火花点燃油罐内的油而发生火灾。

摩擦所生之电通常称作静电，静电有正电和负电两种。静电同性相斥，异性相吸，如图 1-1-3 所示。

用丝绢摩擦玻璃棒，玻璃棒上带正电，将带正电的玻璃棒中心用绳悬吊在支架上，用另一根丝绢摩擦过的带正电的玻璃棒一端靠近悬吊在支架上的玻璃棒，你会发现，悬吊在支架上的玻璃棒被推开，即同性静电相排斥，如图 1-1-3a 所示。

将用丝绢摩擦后带正电的玻璃棒中心悬吊在支架上，同时用毛皮摩擦硬橡胶棒后带负电的一端去靠近带正电的玻璃棒，这时会发现，它们彼此吸引。如果玻璃棒带正电一端带有足够的正电，且硬橡胶棒上带负电一端带有足够的负电，那么当它们彼此吸引到互相接触时会产生火花并伴有响声，这就是静电放电现象，如图 1-1-3b 所示。

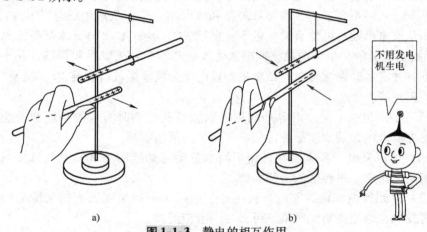

a)   b)

图 1-1-3　静电的相互作用
a）同性相排斥　b）异性相吸引

为什么用丝绢摩擦玻璃棒会使玻璃棒被摩擦端带正电？为什么用毛皮摩擦硬橡胶棒会使被摩擦端带负电？

物质是由分子组成的，分子是由原子组成的，原子是由原子核和在原子核周围绕着原子核在不同的空间轨道上运动的电子组成的，如图 1-1-4 所示。原子核是由中子和质子组成的。原子的质量几乎都集中在原子核上，原子核里的中子和质子的质量几乎相等。而电子的质量非常小，大约是质子或中子的 1/1840，电子质量约为 $9.1083 \pm 0.003 \times 10^{-28}$ g，这是电子运动速度小于光速时的质量，也称作电子的"静止质量"。电子带负电，中子不带电，质子带正电。在通常情况下，质子所带的正电量与电子所带的负电量相等。

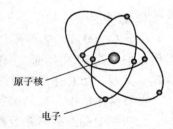

原子核

电子

图 1-1-4　原子是由原子核和
电子组成的

当用丝绢摩擦玻璃棒时，玻璃棒被丝绢摩擦的部位有相当数量的电子跑到丝绢上了，因此，玻璃棒被摩擦的部位带有正电荷。由于玻璃棒和丝绢都是电介质，也就是绝缘体，电子不会在玻璃中自由移动，因此，玻璃棒被丝绢摩擦过部位的电子跑到丝绢上去了，玻璃棒被摩擦的部位带正电荷，而丝绢带负电荷。当用皮毛摩擦硬橡胶棒时，皮毛上的电子跑到硬橡胶棒上。由于橡胶棒是电介质，即绝缘体，电子不会在橡胶棒上自由移动，因此橡胶棒被皮毛摩擦的部位带负电荷。

2. 静电放电

富兰克林（R. Franklin，1706—1790）是世界上第一位提出正电和负电的美国物理学家。他利用风筝测量了雷雨天云层对地的电压及雷电对地的电流。十分遗憾的是当他再次利用风筝测量云层对地的电压和电流时遭到雷击身亡，为科学的发展献出了自己的宝贵生命。他是第一位提出尖端放电并发明避雷针的科学家。

我们脱下用尼龙等材料织成的毛衣时会发出火花也是静电放电现象。

雷电就是静电放电，云层带电不一定是电子的负电，也有可能是空气的离子带有负电或正电，两块带有异性电荷的云遇到一起或彼此接近时就会中和放电；或许云层带负电（或正电），大地带正电（或负电），通过树木或建筑物的尖端进行中和放电，这就是雷击。被雷击的树木或建筑物会遭到破坏或燃烧。

在外边遇到雷雨天时，不可在孤树下避雨，不可在空旷地方打伞、扛锄头、扛铁锹，因为这些都是尖端，极易引起大地上的人与云层之间进行放电而发生事故。

第二节　温差生电、化学反应生电、燃料电池及太阳能发电

1. 温差生电

1821 年席贝尔（Seebeck）发现，将铁和铜的一端连接，另一端不连接，如果加热连接的一端，则在铁和铜的另一端会产生电位差，在铁和铜之间接入电流表，电流表显示有电流。而且加热区与冷端的

图 1-1-5　温差生电

温差越大，冷端的铁和铜之间的电位差越大，接在冷端的铁与铜之间的电流表显示的电流越大，如图 1-1-5 所示。

将温差产生的电位差及电流放大就可以用来测量温度。如现在广泛使用的热电偶就是利用温差生电来测量温度的传感器。图 1-1-6 所示为电子管时代的热电

偶作为温度传感器的温度测量电路原理图；图 1-1-7 所示为晶体管时代的热电偶作为温度传感器的温度测量电路原理图。

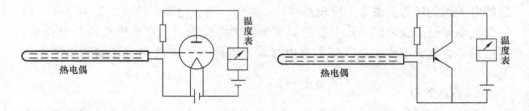

图 1-1-6 电子管时代的热电偶作为温度
传感器的温度测量电路原理图
    图 1-1-7 晶体管时代的热电偶作为温度
传感器的温度测量电路原理图

用铂与铂铑合金组成的温差热电偶可以测量 $200 \sim 1600℃$ 的温度，它的精度可以达到 $0.001℃$。

2. 化学反应生电

日常用的干电池就是化学反应生电。干电池的结构如图 1-1-8 所示，外壳用锌薄板做成杯状，是电池的负极，中间的碳棒是导电用的导体，碳棒周围的 MnO_2 是正极，在 MnO_2 正极和锌筒之间是 NH_4Cl 和 $ZnCl_2$ 及面粉组成的糊状混合物作为电解质溶液。干电池放电时，两极的反应为

负极 $Zn - 2e = Zn^{2+}$

正极 $2MnO_2 + 2NH_4^+ + 4H_2O + 2e = 2NH_4OH + 2Mn(OH)_2$

这是常用的 Mn、Zn 干电池，还有其他的干电池，它们都是利用化学反应生电的。

干电池是一次性电池，不能充电。

3. 燃料电池发电

利用氢气和氧气的化学反应产生电位差可以为蓄电池充电或直接给用电器供电的形式称作燃料电池发电，燃料电池发电原理如图 1-1-9 所示。燃料电池的燃料是氢气和氧气，它们反应的最后生成物是水，同时对外输出电流，在整个反应中没有 CO_2 等温室气体的排放，也没有排放会形成酸雨的 SO_2，也没有细微颗粒物的排放，因此，氢被称作清洁能源。

其化学反应为

阳极反应 $H_2 \rightarrow 2H^+ + 2e$

阴极反应 $\frac{1}{2}O_2 + H^+ + 2e \rightarrow H_2O$

总反应 $\frac{1}{2}O_2 + H_2 \rightarrow H_2O$

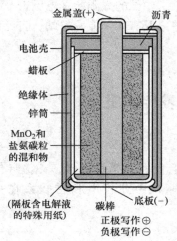

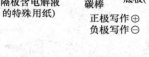

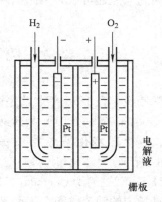

图 1-1-8　干电池结构示意图　　　图 1-1-9　燃料电池发电原理图

4. 太阳能发电

太阳能发电是利用阳光照在某些半导体上将太阳能直接转变为电能的过程。如图 1-1-10 所示，半导体有 P－N 结，当阳光照在 P 结上时，电子会自动地趋于 N 区形成负极，而 P 区失去电子的空穴则趋向栅格而形成正极。

太阳能光伏发电最早使用的是单晶硅，它的纯度可以达到 99.9999%。将单晶硅切成 0.3mm 的薄片，然后在硅片上掺杂诸如硼、磷、镍等微量元素，在高温炉中让这些微量元素与单晶硅形成具有 P－N 结的半导体。

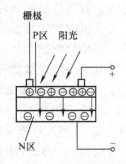

图 1-1-10　太阳能发电原理图

单晶硅将太阳能转换成电能的转换率可以达到 10%，宇宙飞船上的太阳能电池板的转换率可以达到 13%。单晶硅价格太贵，后来又发明了低成本高转换率的半导体太阳能光伏电池板，如多晶硅、非晶硅、硫化镉、砷化镓等太阳能光伏电源。

砷化镓的最高光电转换率已达到 30%，且耐高温，在 250℃时仍具有良好的光电转换能力。

太阳能光伏发电只能将太阳能转换成电能，不具有储存电能的能力。太阳能光伏发电要将电能储存到蓄电池或直接供给直流用电器，不能为交流用电器供电。通常太阳能光伏发电要将储存在蓄电池中的直流电逆变成交流电后才能为交流用电器供电或并网。

太阳能是无污染、可再生的清洁能源，世界各国都建造了很多太阳能发电站。中国是太阳能发电设备生产最多的国家，中国的太阳能发电已普及到很多居民家中，如山东省即墨市的一个镇，家家户户都有太阳能发电站，自己用电不花钱，多余的电能还可以并网向电网输送。

第三节　发电机发电

电学和磁学在 1820 年之前是两门独立的学科，在 1819 年，丹麦科学家奥斯特（Oersted，1777—1851）发现载流导体会使罗盘指针偏转，载流导体周围存在磁场，这个磁场使罗盘指针偏转，奥斯特由此将电和磁联系在一起，如图 1-1-11 所示。

1821 年，法拉第（Faraday，1791—1867）发现在磁场中的载流线圈会因受到磁场力的作用而转动，这使得将电能转换成机械能成为可能，从而发明了电动机。

1831 年，法拉第发现了当线圈在两个磁极之间旋转时，线圈内会产生电流，这是法拉第的电磁感应定律，它成了电工学的基础，它使得将机械能转换成电能成为可能，从而促成了发电机的发明。

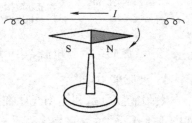

图 1-1-11　载流导体使罗盘指针偏转

发电机的发明改变了人类的生产和生活方式，电促进了生产力的发展和社会进步，是革命性的变化。

发电机是将机械能转换成电能的装置。

1. 直流发电机和交流发电机

（1）直流发电机　直流发电机就是电流一直朝着一个方向流动的发电机。图 1-1-12 所示为直流发电机原理图。当线圈 abcd 在两个磁极，即 N 极和 S 极之间按转矩 M 的方向转动时，在线圈 abcd 中会产生电流。电流方向用右手定则来判断：伸开右手，大拇指与其他四个指头垂直，手掌心对着 N 极，大拇指向线圈运动的方向，其他四指指向电流方向，如图 1-1-12c 所示。

机械换向器的电刷和换向铜头的作用是不论线圈在什么位置都使电流朝着一个方向流动。古典电理论规定电流的方向是正电荷流动的方向，它与电子流动的方向相反。

最早的发电机的磁极是用天然磁石（Fe_3O_4）做的，由于天然磁石的磁场强度不高，使得发电机体积大，效率也低，后来被通电线圈产生的磁极所取代，即电励磁，直到现在电励磁发电机依然在使用。

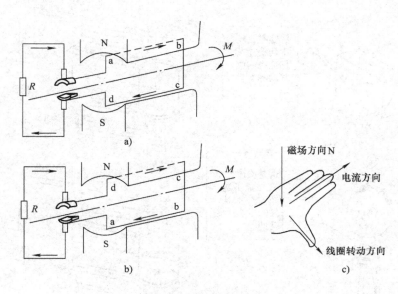

图 1-1-12 直流发电机

a）当线圈 abcd 转到 ab 在 N 极下时，电流为 a→b→c→d 到负载电阻　b）当线圈转动 180°，电流为 d→c→b→a，经机械换向器换向，电流到负载 R 的方与 a）相同　c）右手定则判断发电机电流方向

（2）交流发电机　交流发电机就是电流按规律不断改变方向的发电机。图 1-1-13 所示为交流发电机原理图。当转子磁极按转矩 M 的方向转动时，定子绕组产生电流。当转子 N 极转到图中的上方时，电流由定子的下绕组流出，进入负载电阻 R；当转子 S 极转到上方时，电流由定子的上绕组流出，进入负载电阻 R。交流发电机的电流变化频率 f 由发电机的极对数 P 和转子的转数 n 来决定。

$$f = \frac{Pn}{60}$$

式中　P——发电机的极对数，一个极对有两个极，即 N 极和 S 极；

　　　n——转子的转数，单位为 r/min，即转子每分钟的转数；

　　　f——交流电的频率，单位为 Hz。

中国的交流电频率为 50Hz，美国及西方国家的交流电频率大部分为 60Hz。50Hz 的意思是交流电的电流方向每秒变化 50 次，60Hz 的意思是交流电的电流方向每秒变化 60 次。

电能不是第一能源，它是由其他诸如煤炭、天然气等化石类能源，水的动能和势能、核能、风能、太阳能、海水的潮汐能、海流的动能、地热能等转换而来的。电能已成为人类生产、生活及探索宇宙等不可或缺的能源。

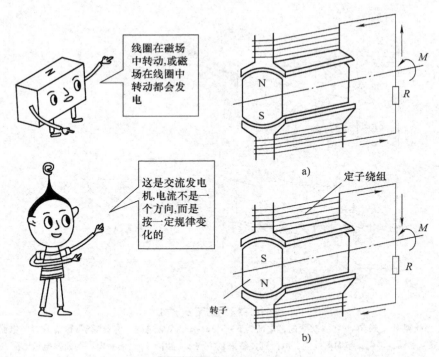

线圈在磁场中转动，或磁场在线圈中转动都会发电

这是交流发电机，电流不是一个方向，而是按一定规律变化的

图 1-1-13 交流发电机

a）当转子逆时针转到 N 极在上方时，电流从定子的下绕组出来流向负载电阻 *R*

b）当转子逆时针转到 S 极在上方时，电流方向与 a）相反

2. 火电

火力发电有很多种形式，如燃煤发电、燃气 – 蒸汽联合循环发电等。火电是以煤炭、天然气类能源为燃料在锅炉中燃烧，将水加热成高压蒸汽去驱动汽轮机转动，汽轮机再驱动发电机发电；或者用煤气或天然气在锅炉中燃烧形成的高压高温燃气去驱动涡轮增压机，对进入燃烧室的空气进行增压及驱动同轴的涡轮机，再驱动发电机发电，同时利用锅炉热量将水加热成高压蒸汽驱动汽轮机转动，汽轮机驱动发电机发电。

目前，中国火电约占总供电量的70%。

（1）燃煤发电 燃煤发电就是煤炭在锅炉中燃烧来加热水，使之成为高压蒸汽去推动汽轮机转动，汽轮机再驱动发电机发电，如图1-1-14所示。做功后的蒸汽进入凝汽器，凝结的水由水泵泵入加热器6中加热，另一部分可以为居民供热水或冬季取暖。经加热器6加热后的热水由给水泵7泵入另一个加热器8加热，再送入加热器9经过锅炉再被加热成高压蒸汽去推动汽轮发电机发电。

这种燃煤发电机工艺比较落后，是中国很多小火电厂的发电形式。在中国工业转型、节能减排中，这种工艺落后、效率低，又排放大量 CO_2、SO_2 和微小颗粒的小火电厂已被逐渐淘汰。

（2）燃气－蒸汽联合循环发电　近代采用天然气或煤气在锅炉中燃烧形成燃气－蒸汽联合循环火力发电形式，这种火电工艺先进、效率高，有害气体排放少。图 1-1-15 所示为燃气－蒸汽联合循环发电原理图。与燃气涡轮、发电机同轴的增压涡轮 2 将空气增压送入锅炉

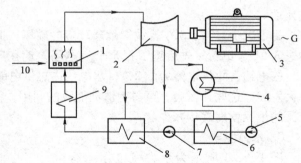

图 1-1-14　火力发电原理示意图

1—锅炉　2—汽轮机　3—发电机　4—凝汽器　5—凝结水泵
6、8、9—加热器　7—给水泵　10—给煤器

4 使燃料更充分地燃烧，在锅炉燃烧的燃气进入燃气轮机 5 驱动发电机 G_1 发电及驱动增压涡轮 7。利用锅炉余热将加热器 12 的蒸汽送入锅炉再加热成高压蒸汽，驱动蒸汽涡轮，然后送入锅炉 4 加热，加热后的高压蒸汽进入汽轮机 8 并驱动发电机 G_2 发电。从汽轮机做功后的蒸汽进入凝汽器 10，凝结的水由给水泵 11 泵到加热器 12 加热后送入锅炉循环使用。

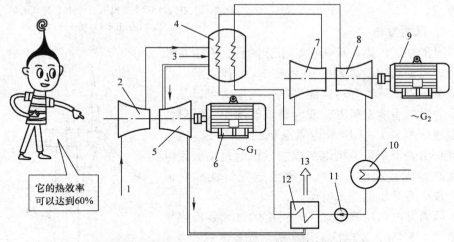

它的热效率可以达到60%

图 1-1-15　燃气－蒸汽联合循环发电原理示意图

1—空气进入　2、7—增压涡轮　3—燃料　4—锅炉　5—燃气轮机　6—发电机　8—汽轮机
9—发电机　10—凝汽器　11—给水泵　12—加热器　13—燃气燃烧后经加热器之后的废气

中国电力主要来自火电，约占总供电能力的 70%。火电主要依靠燃烧煤炭、石油类化石类能源，会放出大量的 CO_2、SO_2 和微小颗粒物，CO_2 是温室气体，会改变局部气候造成各种自然灾害；SO_2 与雨水结合会形成酸雨，酸雨会腐蚀大部分金属材料，对建筑造成破坏，还会破坏植物，如庄稼、森林、草地，甚至使

其死亡。

为了减少 CO_2、SO_2 排放对地球环境的破坏，世界各国都在节能减排。中国在进入 21 世纪后，先后建了百余个风电场，现在风电接近总供电能力的 5% 左右，核电约占总供电能力的 2%，水电约占总供电能力的 23%，太阳能发电也有很大发展。这些无污染、可再生清洁能源的利用，使中国对煤炭、石油等化石类能源的依赖程度逐年减少。

3. 水力发电

图 1-1-16 所示为水力发电原理图，水力发电是利用蓄在水库内的水的势能及水流动的动能推动水轮机转动，水轮机再驱动发电机发电的。

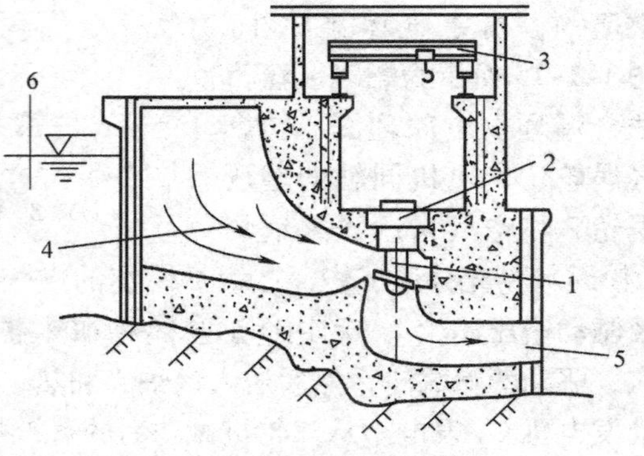

水的动能和势能是清洁能源，在水的势能和动能转换成电能的过程中，水做功后还是水，没有任何有害物质产生，也没有任何有害气体排放。

图 1-1-16　水力发电原理图
1—水轮发电机组　2—发电机　3—检修桥式吊车
4—进水口　5—出水口　6—水库

4. 风力发电

风能是无污染、可再生、不分国界、不用花钱就可以得到的清洁能源，20 世纪 80 年代之后，世界很多国家都开始利用风能发电，风电每年以几乎 30% 的增容速度发展着，成为诸多能源中发展最快的能源。图 1-1-17 所示为风电机组示意图，风电场就是由若干个风电机组组成的，风电是由交流电经整流变成直流电，直流电再经逆变器变成交流电，最后经升压器并入电网。

风力发电采用直驱式风电机组的最大装机容量已超过 7.5MW，发电机采用多极永磁发电机。

中国风电发展很快，已经建成了百余座风电场，现在风电接近总供电能力的 5% 左右。到 2020 年预计风电装机容量可达到 2.3 亿 kW，相当于 13 个三峡水电站的装机容量，风电可达到 4649 亿 kWh，相当于 200 个年发电量 23.245 亿 kWh 的火电厂的发电量。同时，每年可少排放 1.15 亿吨

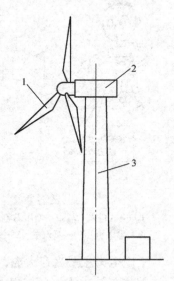

图 1-1-17　风电机组示意图
1—叶片　2—机舱　3—塔架

CO_2、4.74 万吨颗粒物和 9.2 万吨 SO_2。为世界减排及气候改善做出中国贡献。

5. 核电

核电是以原子核裂变过程中所释放出来的能量加热水，使水成为高压蒸汽后再驱动汽轮机转动，转动的汽轮机拖动发电机发电的。核电有多种形式，如压水堆式、沸水堆式、重水堆式等，常用的是压水堆式。

图 1-1-18 所示为压水堆式核电原理图。在压力容器 1 内放置由锆管 12 装的核燃料 11，在控制棒 2 的控制下核燃料进行核裂变反应，释放出的能量在蒸汽发生器 4 中将水加热成高压蒸汽去驱动汽轮机 14 转动，转动的汽轮机拖动发电机 15 发电。做功后的蒸汽由给水泵 6 再送到蒸汽发生器 4 中去。

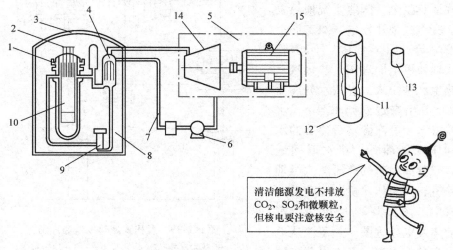

清洁能源发电不排放 CO_2、SO_2 和微颗粒，但核电要注意核安全

图 1-1-18　压水堆式核电原理图

1—压力容器　2—控制棒　3—安全壳体　4—蒸汽发生器　5—汽轮发电机组　6—水泵　7—二回路　8—回路　9—主循环泵　10—反应堆堆芯　11—核燃料　12—锆管　13—核燃料芯块　14—汽轮机　15—发电机

核能属于清洁能源，在核裂变中没有 CO_2、SO_2 等有害气体排放，也没有微颗粒物释放，但核反应后的乏燃料很难处理。同时，一旦核电厂发生爆炸或核泄漏会造成重大灾难。苏联切尔诺贝利核电站一个反应堆发生爆炸，造成 20 余万人的死伤及核污染的重大灾难；2011 年 3 月 12 日日本福岛核电站在 9 级地震及海啸的冲击下，造成堆芯熔化核泄漏，致使周边环境受到核污染，几十万人背井离乡躲避核辐射而有家不能归。被核污染的水不断地流入海中，致使海中的鱼也受到了核污染的影响。

世界上其他核电国家都在加强核反应堆的安全监管和防护，确保核电安全运行，从而更好地造福人类。

6. 地热发电

地热是指地球表面以下 10km 深度的热水所蕴含的热能。中国的地热资源十分丰富，如藏滇地热带、台湾地热带等。西藏地区拉萨附近的羊八井，距地面200m以下就有172℃的热蒸汽；云南腾冲热海地热田，10m深的热蒸汽温度可达135℃，12m深的热蒸汽温度可达145℃；再如台湾北部大屯复式火山区是一个大的地热田，在300～1500m深度不同的热井中，最高蒸汽温度可以达到294℃。中国有很多地热田，利用地热的热蒸汽驱动汽轮机转动，转动的汽轮机拖动发电机发电就是地热发电。如西藏的羊八井地热电站利用扩容法安装4台汽轮发电机组，地热温度为140～160℃，总装机容量达到10000kW。

地热发电根据不同的地热情况有多种形式的地热电站，如背压式地热发电、闪蒸系统地热发电、凝汽式地热发电、双工质地热发电等。图1-1-19所示为背压式地热发电原理图。热蒸汽从地热生产井出来，经汽水分离器2将水分出来送到给水泵6，水泵6将水和蒸汽做功后冷凝的水一同压入回灌井，将水返回地下。被分离出来的高压蒸汽驱动汽轮机转动，汽轮机再拖动发电机发电。图1-1-20所示为凝汽式地热发电原理图。热蒸汽从地热生产井1出来，经汽水分离器2将水分离出来送到水泵8，水

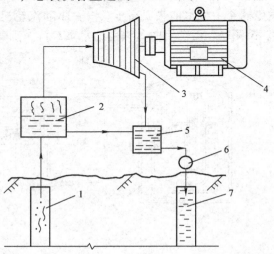

图1-1-19 背压式地热发电原理图
1—地热生产井 2—汽水分离器 3—汽轮机
4—发电机 5—凝水器 6—水泵 7—回水灌井

泵8将水和蒸汽做功后经冷凝器冷却下来的水一同压入回灌井，将水返回地下。被分离出来的高压蒸汽驱动汽轮机转动，汽轮机再拖动发电机发电。做功后的蒸汽进入冷凝器，冷却下来的水进入水泵8被压入回灌井，未被冷却成水的蒸汽进入冷却塔再次冷却，冷却下来的水也进入给水泵8被压入回灌井。在有居民的地方，热水可供取暖后再被水泵8压入回灌井，返回地下。

7. 潮汐发电

潮汐是海水受太阳、月亮和地球的引力相互作用所发生的周期性涨落现象。利用海水涨落潮的能量发电就是潮汐发电。潮汐发电也有多种形式，如单库单向型、多库单向型、单库双向型、多库双向型等。

图1-1-21所示为单库单向型潮汐发电原理示意图，它是在海边建一个大水库，当涨潮时开启进水闸门，让海水进入水库，落潮时关闭这个闸门。当潮落到最低位时，开启放水发电闸门，让水库中的海水势能变成动能推动水轮机转动，

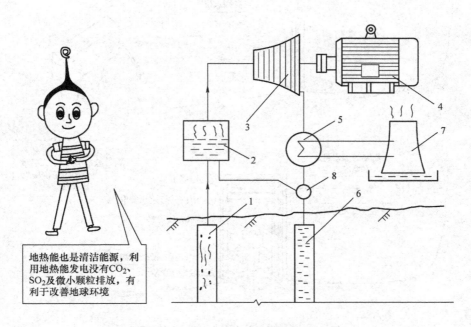

地热能也是清洁能源，利用地热能发电没有CO_2、SO_2及微小颗粒排放，有利于改善地球环境

图 1-1-20 凝汽式地热发电原理图
1—地热生产井 2—汽水分离器 3—汽轮机 4—发电机
5—冷凝器 6—回灌井 7—冷却塔 8—水泵

转动的水轮机再驱动发电机发电。

双向型发电是潮涨时推动水轮发电机发电，落潮到低水位时开启水库的放水发电闸门，让水库内海水的势能变成动能推动水轮发电机发电。

中国已建成了一些潮汐发电站，如福建平潭幸福洋 4 台单机容量为 320kW，共 1280kW 的单向潮汐发电站；浙江温岭的江厦 5 台单机容量为 500～700kW，共 3200kW 的双向潮汐发电站等。

8. 海流发电

海流发电就是利用海水流动的动能推动叶片转动，叶片安装在轴上一起驱动发电机转动发电。每个柱上有两台海流发电机组，在柱的海面上方有可以将两台发电机组提升到海面以上进行检修的提升机。海流发电站可以安装很多这种发电机组。另外还有波浪发电、海洋温差发电等。海流发电原理图如图 1-1-22 所示。

9. 柴电、风电和太阳能发电互补提供电力

电力线往往很难到达海岛上，为了便于岛上居民、守岛部队的生产和生活用电，可以采用柴电、风电和太阳能发电互补提供电力。

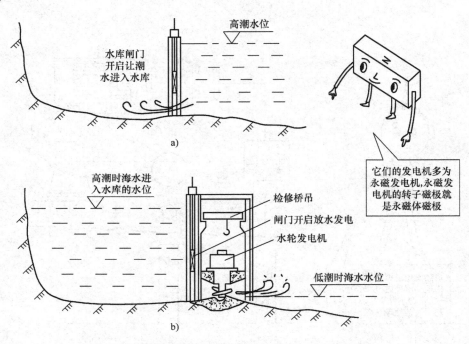

a)

b)

图 1-1-21 单库单向型潮汐电站原理图

a) 涨潮打开水库闸门让海水进入水库，落潮时关上此闸门 b) 落潮时打开发电用闸门，放水发电

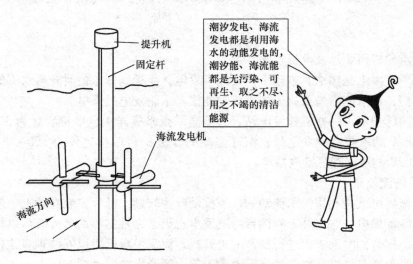

图 1-1-22 海流发电原理图

第二章

电流及其效应

当电子或带电粒子定向运动时就会形成电流，当有电流时，就会产生诸如热效应、磁效应、化学效应、电磁感应、波效应等效应。人类利用电流的这些效应发明创造了很多提高劳动效率、改善劳动环境、实现远距离通信、远距离控制、提升交通运输的速度和能力、提高生活质量、改善人类身心健康等的设备和装置，从而促进了生产力的发展和社会的进步。

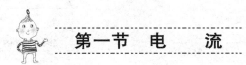

第一节 电 流

1. 电流

电流就是电子或带电粒子的定向运动。

电流强度的大小是指在单位时间内流经垂直于单位导体截面积的电子的多少或流经单位面积电解质的带电粒子的多少，流经的越多则电流强度越大，反之，电流强度越小。电流强度的单位为安培，用字母 A 表示。

2. 电流方向

古典理论将正电荷流动的方向规定为电流的方向。在金属导体中电流的方向与自由电子流动的方向相反；在电解质溶液中，电流的方向与正离子流动的方向相同。

电流总的分为两种，其一是直流电，其二是交流电。

直流电的电流在导体任一截面上的电流强度和电流方向是恒定的，电流是连续的，如图 1-2-1 所示。如手机电池向手机提供的是直流电；汽车蓄电池向汽车发动机起动、汽车照明、仪表等提供的是直流电；高铁用的是高压直流电；各种玩具用的电池或干电池都是直流电等。

交流电是电流方向和电流强度按时间有规律变化的电流，如图 1-2-2 所示。

交流电每秒电流强度和方向变化的周期称作交流电的频率，单位为赫兹，用 Hz 表示。

目前，世界各国电网基本上都是交流电，直流电很少。人们生产、生活用电基本上也都是交流电，家电、照明等都是 220V 交流电，工厂等企业用电多为 380V 三相交流电，冶炼、轧钢等企业用 1000V、3800V 三相交流电，而照明用 220V 交流电。

世界上也有少数国家居民用电采用 110V 交流电，过去中国也曾采用过 110V 交流电，后因 110V 交流电线路损耗太大而改为 220V 交流电。

直流电用 DC 表示，它来自英文 Direct Current 每个单词的首字母，比如直流 12V 通常标示为 DC12V。

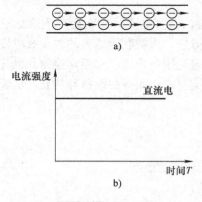

图 1-2-1　直流电
a) 电子在导体中朝一个方向运动
b) 直流电的电流强度与方向不随时间变化

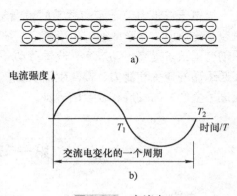

图 1-2-2　交流电
a) 电子在导体中来回流动
b) 交流电的电流强度和方向随时间而变化

交流电用 AC 表示，它来自英文 Alternating Current，如交流 220V 通常标示为 AC 220V。

3. 电流速度

电流的速度与光速相同，可达到 $3 \times 10^8 \mathrm{m/s}$，即每秒 30 万 km，但电子在导体中定向移动的速度却很低。所谓电流的速度，应是指电路中形成电流的速度，这个速度与光速相等。电流形成的速度就是导体中建立电场的速度。

第二节　电流的热效应

1. 电阻发热

当电流流经电阻时，电阻会发热，甚至会达到很高的温度。物体的电阻与其长度、截面积及温度和组成物体的成分有关。

什么是电阻呢？电阻就是物质对电流的阻力，电阻的单位是欧姆，用符号 Ω

表示。当电压为 1V 时，流经物质的电流强度为 1A，则物质的电阻为 1Ω，用欧姆定律表示为

$$1Ω = \frac{1V}{1A}$$

欧姆定律的通常表达式为

$$R = \frac{V}{I}$$

式中　R——电阻，单位为 Ω；

　　　V——加在电阻两端的电压，单位为 V；

　　　I——通过电阻 R 的电流，单位为 A。

利用电流的热效应，人们发明了很多设备，为提高劳动效率、改善劳动环境、提高生活水平做出了贡献。

纯电阻发热的设备及装置。过去使用的白炽灯，当电流经过灯丝时，灯丝会被电流加热到发光的白炽程度用来照明，其使用电压为单相交流 220V。工厂机床照明的白炽灯电压为交流 36V，36V 电压为安全电压。

家电中的电饭煲、热水器、电热毯、电熨斗、电暖气、医院里消毒的灭菌锅等都是直接用电阻发热的设备或装置。图 1-2-3 所示为白炽灯，图 1-2-4 所示为电饭煲。

图 1-2-3　白炽灯　　　　　　　　　图 1-2-4　电饭煲

在工厂里，用于对工件进行热处理的箱式电阻炉、盐浴炉、井式电阻炉及真空电阻炉等都是直接利用电阻发热的效应。图 1-2-5 所示为箱式电阻炉及电阻主电路图。箱式电阻炉的炉温从 200℃ 可调控到 1250℃，可以对金属零件淬火，低、高温回火，退火等。

2. 电焊－电弧焊

电弧焊有很多种形式，如手工弧焊、埋弧焊、气体保护焊、氩弧焊等。

电焊广泛地应用在机械制造中，如航天器、火箭、火箭发射塔架、飞机制造、船舶制造、汽车制造、机床制造、坦克制造、拖拉机制造、铲运机及挖掘机

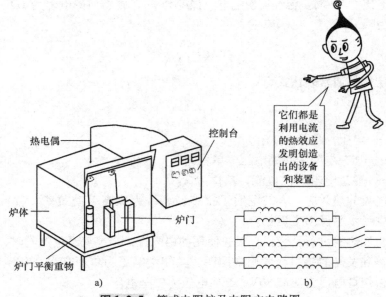

图 1-2-5 箱式电阻炉及电阻主电路图

制造、采矿及选矿机制造、炼铁炉及炼钢炉的制造、连铸机及连轧机的制造、推钢机及冷床的制造、林业机械的制造、高铁和磁悬浮列车制造、医疗卫生设备的制造等，几乎所有设备都要用到电焊。尤其让国人骄傲的中国完全自主生产制造的航母、高铁、J20 隐形战机也都离不开电焊。

（1）手工弧焊　手工弧焊用得最广，其电源有两种，其一是交流电源；其二是直流电源。

交流电源结构简单、成本低且易于操作。但由于交流电的频率是 50Hz，每秒要断弧 50 次，在焊缝中易于产生气孔，故现在已很少采用

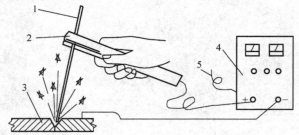

图 1-2-6 手工弧焊示意图
1—焊条　2—焊钳　3—被焊件　4—电源　5—交流电源线

了。现代手工弧焊机多为直流焊机，直流电源大部分是将交流电整流成电流大小可控的直流电，也有少数是交流电动机拖动的直流发电机作为直流弧焊的电源。

图 1-2-6 所示为手工弧焊示意图，它由电焊工手持焊钳对被焊件进行焊接。手工弧焊可以平焊、侧焊和仰焊。大型、小型船舶大部分为手工弧焊，手工弧焊是应用最广泛的电焊方式。

（2）埋弧焊、气体保护焊及氩弧焊　埋弧焊如图 1-2-7 所示，气体保护焊

原理如图 1-2-8 所示。这两种弧焊适用于批量生产的厚板焊接，如锅炉的锅筒、风力发电机的筒形塔架、桥吊的桁架梁、钢桥梁、集装箱、空压机储气筒等。这两种焊接方式会减少或避免焊缝中的气孔，保证焊接质量。

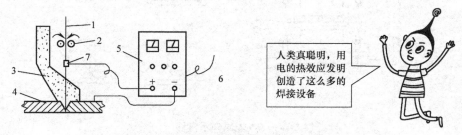

图 1-2-7 埋弧焊原理示意图

1—焊丝 2—送丝轮 3—埋弧材料 4—被焊件 5—电源 6—交流电源线 7—焊丝电极

氩弧焊适用于薄钢板焊接件，如汽车的消声器及其排气管道、汽车车架等批量生产的冲压件的机器人焊接都采用氩弧焊。

（3）电渣焊、等离子焊等 电渣焊、等离子焊也是利用电流产生的电弧热焊接的例子。

（4）电阻焊 电阻焊是利用电流热效应焊接，两个被焊母体接触面之间的电阻很大，当通电时电阻大的地

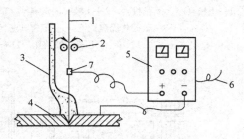

图 1-2-8 气体保护焊原理图

1—焊丝 2—送丝轮 3—惰性气体 4—被焊母体
5—电源 6—交流电源线 7—焊丝电极

方被加热直到接触面或点的被焊母体表面熔化，同时再施加外部压力使两个被焊母体焊接在一起。电阻焊要根据不同的被焊母体选择不同的焊接模具。图 1-2-9 是电阻焊的一个例子。

电阻焊又分为点焊、缝焊及对焊等。

点焊可以是单点焊接、双点焊接和多点焊接。

缝焊可实现两个板的边的缝焊，如轿车某些不等厚板的焊接等。

对焊是两个金属件对头焊接，如高铁用的长铁轨就是由一根根短铁轨对焊接长的。

电阻焊的电源可以是交流电源，也可以是直流电源。对被焊母体施加外部压力可以用液压、气压或机械力。

3. 电弧炉炼钢

图 1-2-10 所示为电弧炉炼钢原理及结构示意图。利用碳素电极与被欲熔化的废钢之间产生电弧，炉料在电弧产生的高热作用下将废钢熔化的过程就是电弧炉炼钢。

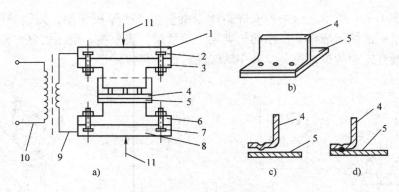

图1-2-9 点焊原理示意图

a）点焊结构示意图 b）点焊后的两个被焊件被三个焊点连接在一起

c）未焊前两个被焊件的剖面图 d）两个被焊件被点焊连接在一起的焊点剖面图

1—上模具座（上极板） 2—上模具固定螺栓 3—上模具 4—被焊件 5—被焊件 6—下模具

7—下模具固定螺栓 8—下模具座（下极板） 9—变压器二次绕组

10—变压器一次绕组 11—液压或气压施加的压力

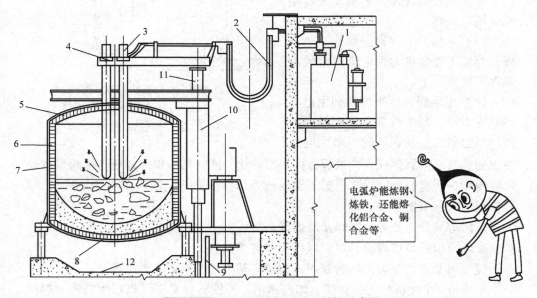

图1-2-10 电弧炉炼钢原理及结构示意图

1—变压器 2—水冷电缆 3—碳素电极 4—电极夹持器 5—炉盖 6—炉壁 7—炉壳 8—炉底

9—倾炉液压油缸 10—炉盖提升液压及旋转机构 11—电极提升液压机构 12—电弧炉底座

电弧炉有工频三相、二相和单相三种，图1-2-10是三相工频电弧炉炼钢原理及结构示意图。三个碳素电极棒与废钢之间产生电弧，电弧热将废钢熔化，钢水流到炉底，未被熔化的废钢露出来，三个碳极棒会自动下降并继续与废钢产生电弧，待到全炉的废钢全部被熔化时，进行钢水的化学成分分析，钢水中缺少什么元素就加入什么元素，磷、硫多了可以脱磷脱硫。三个电极棒继续产生电弧，使钢水温度升高到可以浇铸时，三个电极棒可以人工操作由液压油缸提升到炉盖以上，液压油缸再将炉盖抬起并转动90°角，电弧炉由液压油缸倾斜一定角度，使炉内钢水从出钢口流出到钢水包中，桥式吊车再将盛满钢水的钢水包吊到浇铸的地方去浇铸。

4. 感应加热

（1）感应炉 感应炉有工频感应炉，其交流电的频率为50Hz；中频感应炉，其交流电的频率为 50～10000Hz；高频感应炉，其交流电的频率为 10kHz～100kHz；超高频感应炉，其频率为大于 100kHz。

感应炉的电源是交流电，其在炉内欲熔化的金属表面感应出交变电动势，在欲熔化的金属内产生感生电流。由于欲熔化的金属有电阻，因而感应电流产生热，同时交流电又有趋肤效应，使感应电流大部分在被熔化的金属表面，因此使炉内的金属由表及里地被熔化，这就是感应炉熔化金属材料的原理。感应炉可以熔化钢、铝、铜及铁水保温。

图 1-2-11 所示为无心中频感应炉结构及熔炼金属原理图。中频感应炉电源是由三相交流电经整流再逆变成50～10000Hz 的中频交流电，经中频变压器 T 的变压及变流，由输出端线圈即为感应圈输出中频交流电流，在炉内的金属被感应出交变电动势，在金属中产生中频感生电流使金属熔化。感应线圈为铜管，管内通水冷却。

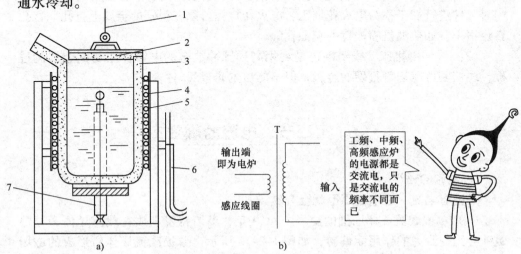

图 1-2-11 无心中频感应炉结构及熔炼金属原理图

a）无心中频感应炉结构示意图 b）中频变压器

1—炉盖提升装置 2—炉盖 3—坩埚 4—感应线圈 5—导磁体 6—铜排 7—倾炉液压油缸

（2）高频淬火　利用高频交流电的趋肤效应可以对工件表面进行淬火。有些工件既要求强度、刚度，又要求表面坚硬耐磨，这样可利用高频电流对其表面进行淬火。

图1-2-12所示为高频淬火的两种感应圈，高频淬火的感应圈是高频变压器的输出端线圈。

电机中的交流电会使定子和转子的硅钢片产生交变磁场和交变电动势，交变电动势会产生交变电流，即涡流，涡流会产生热，使电机温度升高。

a)
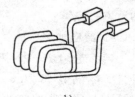
b)

图1-2-12　高频淬火用的两种感应圈，感应圈为铜管，管内通水冷却
a）圆形淬火感应圈　b）方形淬火感应圈

5. 红外加热

将电阻丝通电加热能够释放红外线的装置，使其发出红外线，再用红外线加热其他物体，如远红外烤漆、理疗用的红外线灯等。

6. 电子束加热

用高速电子流轰击被加热物体，使之产生热能使金属熔化的过程就称作电子束加热。电子束加热的能量集中，能熔化熔点特别高的金属。

7. 电火花机床

（1）电火花打孔　在介电液中，利用两极间高频率脉冲电流放电的电蚀作用对工件进行加工称为电火花加工。电火花打孔可以在很硬的金属上打孔，打孔直径很小，如柴油机喷油嘴的喷油孔等。

（2）线切割机床　线切割也是利用高频脉冲放电的电蚀作用切割金属的过程，线切割可以切割很硬的金属，但不能切割非金属材料。

第三节　电流的磁效应

1. 电流的磁场

只要有电流，在电流周围就会有磁场。

（1）单根载流导体周围的磁场　1819年，奥斯特发现放在载流导体旁边的磁针会因受到力的作用而偏转，如图1-2-13所示。单根载流导体所形成的磁场方向用右手定则判定，如图1-2-14所示，大拇指所指方向为电流方向，其余卷曲的四指的方向就是磁场方向。图1-2-15a所示为电流进入纸面时用右手定则判定的磁场方向；图1-2-15b所示为电流从纸面出来时，电流所形成的磁场方向也用右手定则判定。图 1-2-15a、b 的电流方向相反，则它们所形成的磁场方向也相反。

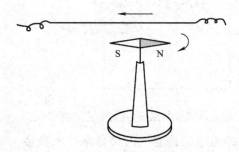

图 1-2-13 载流导体使在其
旁边的磁针偏转

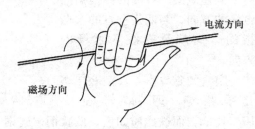

图 1-2-14 单根载流导体周围磁场方向的
判定——右手定则

（2）两根彼此接近的通电导线的磁场 当两根彼此靠近的导线电流方向相同时，两根导线相互吸引，如图 1-2-16a 所示。当两根彼此靠近的两根导线的电流方向相反时，两根导线彼此相互排斥如图 1-2-16b 所示。这种互相吸引或互相排斥的力称作电流磁场的电磁力。

从以上的举例可以看到，有电流就有磁场，有磁场就有磁力。

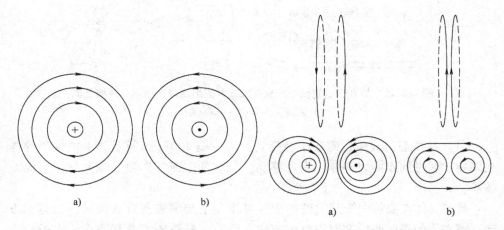

图 1-2-15 载流导体周围的磁场方向
a）电流流入纸面的磁场方向
b）电流流出纸面的磁场方向

图 1-2-16 两根彼此接近的通电导线的磁场
a）两根靠近的导线，当电流方向相同时，
两根导线会相互吸引
b）两根靠近的导线，当电流方向相反时，
两根导线会相互排斥

（3）通电螺线管的磁场

通电螺线管的磁场方向用右手定则判定，如图 1-2-17 所示。用右手握住线圈，弯曲的四指指向电流的方向，与四指垂直的大拇指的方向就是螺线管磁场的方向。

空气的磁导率与真空磁导率几乎相等，即 $\mu_0 = 4\pi \times 10^{-7}$ H/m，而铁磁质如铁、低碳钢、硅钢等的磁导率比空气的磁导率要大得多，通常是空气的磁导率的 2000 ~ 6000 倍。图 1-2-18 所示为具有铁磁质铁心的通电螺线管，在与空心螺线管内径和外径相同、导线直径相同、匝数相同、电流大小相同的情况下，比空心螺线管的磁感应强度大 2000 ~ 6000 倍。

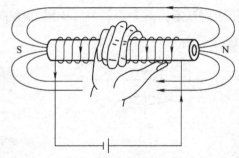

图 1-2-17 通电螺线管的磁场方向用右手定则判定

2. 磁场对电流的作用

1820 年，安培发现放在磁场中的载流导体会因受到力的作用而运动；1821 年，法拉第发现在磁场中载流线圈会因受到磁场的作用而转动，这就为电能转换成机械能提供了可能，为电动机的发明奠定了基础。

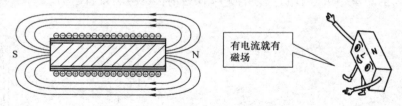

有电流就有磁场

图 1-2-18 具有铁磁质铁心的通电螺线管的磁场强度比空心螺线管的磁场强度大 2000 ~ 6000 倍

（1）单根载流导体在磁场中所受到的力　图 1-2-19a 所示为单根载流导体在磁场中因受到磁场力的作用向左移动，当改变电流方向后，载流导体会向右移动。

载流导体在磁场中受到力的作用时可用左手定则来判定载流导体的运动方向。将左手伸平，四指方向为电流方向，手心对准磁场的 N 极方向，大拇指垂直于四指方向，那么大拇指所指方向即为载流导体运动的方向，如图 1-2-19b 所示。

为什么载流导体在磁场中会因受到磁场力的作用而运动呢？这是通电导体周围的磁场力与其外部的磁场力相互作用的结果。

（2）载流线圈在磁场中所受到的力　图 1-2-20 所示为载流线圈在磁场中受

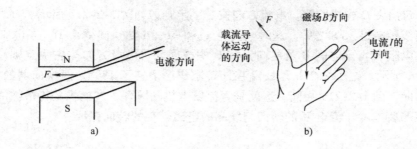

图 1-2-19 载流导体在磁场中受磁场力作用而运动

a）载流导体在磁场中受力的方向及电流和磁场的方向　b）左手定则

到磁场力的作用，线圈运动的方向用左手定则判定。

　　在图 1-2-20 中，置于磁场中的线圈通过电刷 A、B 接在换向铜头 C、D 上，并与直流电源连接。电流经电刷 A 到换向铜头 C 进入线圈，由 a→b→c→d，再经换向铜头 D 及电刷 B 回到电源负极，按照左手定则，线圈逆时针转动，如图 1-2-20a 所示。

　　当线圈转过 180° 之后，电流经电刷 A 到换向铜头 D 进入线圈，由 d→c→b→a 再经换向铜头 C 及电刷 B 回到电源负极，按照左手定则，线圈逆时针转动，如图 1-2-20b 所示。

　　载流线圈在磁场中受到磁场力的作用后输出转矩 M，转矩的方向与线圈转动的方向相同。对外输出转矩就是将电能转换成机械能，这就是电动机的原理。

　　载流线圈在磁场中为什么会转动呢？这是因为载流线圈周围的磁场力与线圈外的磁场力互相作用。

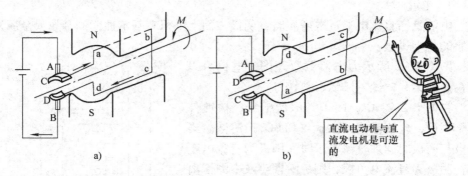

直流电动机与直流发电机是可逆的

图 1-2-20 在磁场中，载流线圈会发生转动对外输出转矩将电能转换成机械能

3. 当外力使线圈在磁场中转动时，线圈两端接上负载电阻，线圈中会有电流

　　如图 1-2-21a 所示，在磁场中的线圈 abcd 在外转矩 M 的作用下逆时针转动，这时就有电流经 d→c→b→a 到换向铜头 C，经电刷 A 进入负载电阻 R 再到电刷

B 及换向铜头 D 构成回路。电流方向按右手定则，如图 1-2-21c 所示。

当线圈转过 180°之后，这时电流经 a→b→c→d 到换向铜头 D，经电刷 A 进入负载电阻 R 再到电刷 B 及换向铜头 C 构成回路。电流方向按右手定则，如图 1-2-21c 所示。图 1-2-21b 是线圈在外转矩作用下转了 180°，经换向器的换向，电流方向与图 1-2-21a 相同。这就是直流发电机的原理，发电机是将机械能转换成电能的装置。外转矩 M 的转向与线圈的电磁转矩的转向相反。

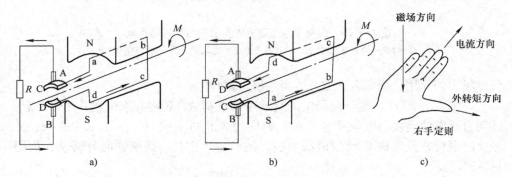

图 1-2-21 外转矩 M 使线圈在磁场中转动，当有负载电阻时，线圈中会有电流

第四节 电流的化学效应

电流还可以产生化学效应，如电镀、电解等。

1. 电镀

电镀是当直流电通过电解质时在阴极表面上沉积有一定性能的金属或金属复合层的化学过程。

图 1-2-22 所示为电镀铜原理图。电镀可以镀铜、镀铬、镀镍、镀钛、镀锌等。

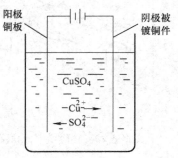

图 1-2-22 电镀铜原理图

在图 1-2-22 中，阳极为电解铜板，被镀件置于阴极，电镀液为硫酸铜（$CuSO_4$）溶液。当阳极与阴极之间加直流电压时，阳极为直流电正极，阴极为直流电负极，则硫酸铜溶液中的铜离子 Cu^{2+} 为正离子，它向阴极运动，在阴极获得电子，从而变成铜分子并覆在阴极被镀的金属表面上。与此同时，硫酸铜溶液中的硫酸根负离子向阳极运动，在阳极上与铜结合生成硫酸铜又溶在溶液中，又形成铜离子 Cu^{2+}

和硫酸根 SO_4^{2-} 负离子。这样，阳极铜板的铜就不断地被镀到阴极被镀的金属表面上。

镀铜的阴极反应　　$C_u^{2+} + 2e = Cu$

镀铜的阳极反应　　$Cu + SO_4^{2-} - 2e \rightarrow CuSO_4$

这就是电流的化学效应之一。

（1）硬镀铬、硬镀镍　硬镀铬、硬镀镍是为了增加被镀金属表面的硬度，提高耐磨性和防腐蚀。它是在被镀金属经表面酸洗、碱洗、中合洗等综合处理后，直接在被镀金属表面镀铬或镀镍的过程。

（2）装饰镀铬、装饰镀镍、装饰镀钛　为了使某些金属器件表面美观且防锈，对其表面进行镀铬、镀铬镍或镀钛。装饰镀铬、镀镍或镀钛，要对被镀件表面进行清洗处理后，对其表面先镀一层铜，而后再镀铬、镀镍或镀钛，镀后对其表面进行抛光处理。如门拉手、手表壳、手表链等，现代也对塑料表面镀铬或镀钛。

（3）镀锌　电镀锌是在金属表面镀一层锌防腐蚀，电镀锌很薄。热镀锌与电镀锌不同，热镀锌就是将表面处理后的欲镀件放入熔化的锌槽内几分钟后取出。热镀锌镀层厚度可以达到 $0.3 \sim 0.5mm$。常见热镀锌的场合如高速公路两边的围栏、输送电的铁塔、无线电的铁塔等。

（4）电镀精炼金属　金属经冶炼后仍含有杂质，用电镀可以提纯金属，如电解铜、电解铝等。金、银、铟、镍、锑、钴等也可以用电镀法精炼提纯。

2. 电解

电解就是当直流电通过电解质时，电解质发生的氧化还原反应。

图 1-2-23 所示为通过电解水的过程将水分解成氢气和氧气的原理图，这是目前制取氢气的基本方法之一。

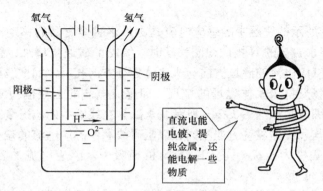

图 1-2-23 电解水制取氢气和氧气原理图

在盛水的容器中置入两个金属电极，在阴极上有收集氢气的容器、在阳极上有收集氧气的容器。在金属阳极上接直流电的正极，在金属阴极上接直流电的负极，当接通直流电时，水被分解成氢离子（H^+）和氧离子（O^{2-}）。氢离子为正离子，它向阴极运动，在阴极上获得电子而成为氢气，氢气被收集在容器中并通过管道向外输送氢气。而氧离子是负离子，它向正极运动，将其带有的两个电子贡献给阳极而成为氧气，氧气被收集在容器中并通过管道向外输送氧气。

水电解的总反应为 $\qquad 2H_2O \rightarrow 2H_2 + O_2$

只要直流电流不中断，水就会不断地被电解成氢气和氧气，这也是电的化学效应之一。

可以看到，利用直流电可以把水电解成氢气和氧气，而燃料电池恰恰相反，燃料电池是利用氢气和氧气反应生成水而向外输出电能。

还有很多电解的例子，如电解盐的水溶液生成 NaOH，利用电渗析法可以淡化海水等。

第五节　电磁感应

1. 电磁感应现象

1831 年，法拉第从他的一系列实验中发现，当通过一个闭合回路被包围的面积的磁通量发生变化时，回路中就会产生电流，这种电流称作感应电流或感生电流，这就是法拉第的电磁感应定律。

1833 年，楞次又经多次试验，进一步总结、概括了其实验的结果，并且从另一个角度得到结论：闭合回路中的感应电流具有确定的方向，即总是企图使感应电流本身所产生的通过回路面积的磁通量去补偿或者说对抗引起感应电流的磁通量的改变。

图 1-2-24 所示的线圈中的感应电流是由于永磁体磁极的移动产生的。在图 1-2-24a 中，当永磁体的 N 极向线圈移动时，线圈的磁通量增加，线圈的感应电流相应增加，感应电流的磁场方向与永磁体磁场方向相反，如虚线所示。线圈中感应电流的磁场反抗永磁体磁场的接近，即感应电流的磁极也为 N 极。当永磁体磁极离开线圈时，如图 1-2-24b 所示，永磁体在线圈中的磁通量减少，感应电流产生的磁场与永磁体磁场方向相同，以阻碍线圈中感应电流的减少，这时感应电流所形成的磁极为 S 极，与永磁体 N 极相吸引。感应电流的磁场方向如图 1-2-24b 中的虚线所示。

电磁感应有广泛的应用，根据电磁感应，发明了发电机，将机械能转换成电能；发明了电动机，将电能转换成机械能；发明了交流变压器，使得交流电压可以提升，又可以降低，为交流电的使用和输送提供了条件；发明了汽车的点火线

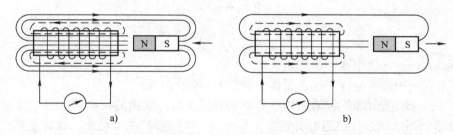

图 1-2-24 线圈中感应电流的磁场阻止永磁体磁场变化

a）当永磁体靠近线圈时，线圈中感应电流的磁场与永磁体磁极的磁场方向相反

b）当永磁体远离线圈时，线圈中感应电流的磁场与永磁体磁极的磁场方向相同

圈，实现了汽油机缸内电火花点火等。

2. 交流变压器

交流电的电流方向，以及电压和电流的大小不是恒定的，是按一定规律变化的。它们每秒变化的次数称作交流电的频率。当有线圈缠绕在如图 1-2-25 所示的铁心上时，由于一次绕组的输入电流方向和大小是周期性变化的，故在二次绕组中会感应出与一次绕组输入的变化频率相同的感应电动势，当接入负载电阻时，在二次绕组中就会有交变电流，这就是交流变压器。

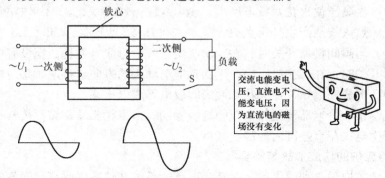

图 1-2-25 交流变压器

交流变压器可以将从发电场输送出来的电压升高并网，减少远距离输电的线路损耗，当用户用电时，再将高压交流电通过变压器降压。

变压器的变压比 K 为

$$K = \frac{U_1}{U_2}$$

式中　U_1——一次电压，单位为 V；

　　　U_2——二次电压（也就是输出电压），单位为 V。

变压器一次绕组与二次绕组的电流关系为

$$I_1 V_1 = I_2 V_2$$

$$\frac{V_1}{V_2} = \frac{I_2}{I_1} = K$$

式中 I_1——一次电流，单位是 A；

I_2——二次电流（也就是输出电流），单位为 A。

变压器不是 100% 将输入的电功率全部输送给二次侧的用电器，由于绕组存在电阻，当电流通过绕组时会发热，故一部分电能转换成了热能，这就是变压器在使用中会发热的原因。大型变压器需要冷却，变压器内用油冷，外部有散热片，大功率变压器还需要强迫风冷或强迫水冷。

3. 汽车点火线圈

汽车的火花塞按汽车各缸点火顺序放电点燃气缸内的混合气体，混合气体燃烧，体积膨胀，推动活塞连杆驱动曲轴转动，对外输出动力。

图 1-2-26 所示为汽车点火线圈、分电器开关及火花塞放电形成电火花原理图。点火线圈是一个一次绕组少二次绕组多的变压器，当一次分电器开关瞬间开、关时，在二次侧会产生高压使火花塞放电产生电火花。点火线圈产生高压点火

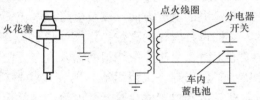

图 1-2-26 汽车点火线圈、分电器开关及火花塞放电形成电火花原理图

的机理是，当瞬间接通开关时，在二次绕组中产生感应电动势，但没有电流。当瞬间切断开关时，在二次绕组中产生的感应电动势的方向与接通时感应电动势的方向相同，形成高电压，在火花塞两极间放电形成电火花。

在汽车中，分电器开关与汽车的缸数相同，由齿轮驱动旋转，按气缸点火顺序逐个产生电火花点燃缸内的混合气体。

4. 感应炉的感应加热熔炼金属

感应炉的原理是利用工频、中频或高频交流电在炉料中感应出交变的感应电动势，并在炉料中形成交变的感应电流，由于炉料有电阻因而会产生热，并使炉料升温直至熔化。这就是感应炉加热、升温、熔化炉料的原理。

感应炉可以炼钢，以及熔化铜、铝及其合金。

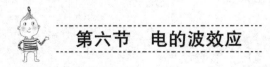

第六节　电的波效应

频率特别高的交流电会产生电磁波。1887 年，赫兹（Hertz）用电振荡产生了电磁波；1895 年俄国科学家波波夫完成了无线电的发射和接收，发明了电报，

实现了人类梦寐以求的远距离通信，也为雷达等的发明奠定了基础，后来才有了今天的互联网。

1. 广播信号的发射和接收

我们在收音机旁就能收听到各地广播电台播出的节目，这个广播信号是如何实现远距离传输的呢？又如何可以被收音机收到呢？

（1）广播信号的发送　为了远距离输送声音信号，就要把音频信号加载到高频电波上，这个过程叫调制。调制就是按声音信号的变化来改变高频电波的幅度、频率或相角，因而调制又分为调幅、调频和调相三种模式。图1-2-27所示为调幅广播用调幅波发射原理图。音频信号加载到高频振荡器产生的高频波（也称载波）上，经调制后成为高频波载着音频波的合成波的形式，并经功率放大器放大后传送到发射天线上发射出去。

中国常用的广播频率为：中波 535～1605kHz，短波 1.6～26.1MHz。

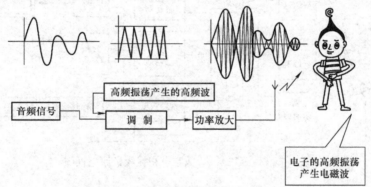

图1-2-27 广播用调幅波发射原理图

（2）广播信号的接收　图1-2-28所示为调幅无线广播接收机（超外差收音机）原理图。它的机理是由天线接收到广播信号，经选择某一频率电台与本机振荡的差频为中频465kHz，中频信号再经放大后进行检波，检波就是将音频信号检测出来，检波后的音频信号经低频放大，再经功率放大去推动扬声器发声。

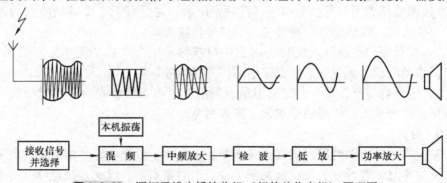

图1-2-28 调幅无线广播接收机（超外差收音机）原理图

2. 微波

微波应用于电视和雷达（无线电定位技术）及宇宙通信，它包括厘米波和毫米波，它的频率为 $30MHz \sim 3 \times 10^6 MHz$。

（1）数字电视 用微波发送数字电视信号，将电视信号发送到卫星，再由卫星对电视信号进行放大后发射，这样覆盖面宽，使电视信号传输得更远，数字电视信号也可以通过有线或发射台传输。

图1-2-29 所示为数字电视接收机的原理框图。它可以通过三种方式接收数字电视信号，第一种是通过有线，即现在城乡普遍使用的一种接收数字电视的方式；另一种是用卫星接收天线接收，再经信号放大后输送给电视；第三种是电视台接力发送数字电视信号，用天线接收，经电视信号放大后再输送给电视机。

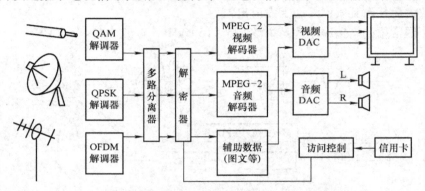

图1-2-29 MPEG–2数字电视接收机原理框图

（2）雷达 雷达是利用天线将微波定向发射出去或旋转一定角度发射出去，微波沿直线传播，当微波遇到飞机等时会将微波反射给接收器，以确定飞机、导弹等空中飞行物的位置、距离、速度等。

（3）移动通信 移动通信也称微波通信，它的频率范围在 $300MHz \sim 3 \times 10^5 MHz$ 之间，它包括微波接力通信和卫星通信等使用的所有频率。

1）微波接力通信是信号由始发机站发出后，经过若干个中继站放大后再发射，以接力的方式将信号传到终端站的信号传输方式。

2）移动通信是指移动用户与固定用户或移动用户与移动用户之间的通信，它包括移动电话、无线电话、固定电话、无线传呼等。

3）卫星通信是将信号传送到卫星，再由卫星将信号放大后再发射出去，这种传播方式容量大、传播的距离远、覆盖面宽。

3. 激光

激光是一种方向性好、能量大且集中、亮度高、单色性好的相干光。由于激光的发散小且单色性好，可以聚焦到尺寸很小的焦点上，因此，激光可以用来加工金属、对金属打孔、切割、焊接等。激光也被用来精密测量、远距离测距、全息检测、全息照相、激光照排印刷、通信、医疗、农作物育种等。

近年来，激光被用在军事上制成了激光炮，可以击落飞机、击毁卫星和舰船。

激光是用放电激励能发出激光的物质所发出的光。如称作红宝石的 Al_2O_3 掺入 Cr 所形成的晶体、二氧化碳 $CO_2 - He - N_2$ 晶体等经过高压直流放电会使它们受激而发出激光，再经反射凹镜的反射聚焦发出激光，激光原理如图1-2-30所示。当直流高压或高频高压电流通电后，使在两个发光电极之间的 CO_2 气体在两电极高压放电中产生强光而激励 CO_2 气体激光器发出激光。

激光可以是连续的，也可以是脉冲的。

4. 超声波及压电现象

石英、电气石、钛酸钡等物质都是离子型晶体，这类晶体的结晶点阵是有规律分布的，当它们受力变形时，如对石英晶体进行压缩或拉伸，将其置于 $1kg$ 的压力下，承受压力的两个表面会出现正、负电位差，这个电压差可以达到 $0.5V$，这种现象称作压电现象。

压电现象的逆现象是当在石英类晶体的两个表面加上交变电压时，石英晶体的固有频率与交变电压的频率发生谐振，石英晶体会与交变电压共振。利用这种现象可以把石英晶体做成谐振元件应用在收音机、电视、VCD、计算机、电子表、遥控器、无人机、机器人、对讲机、步话机、医疗器械等众多领域。

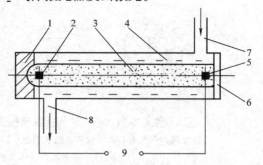

图1-2-30 激光原理示意图

1—反射凹镜 2、5—放电电极 3—CO_2 气体

4—冷却水 6—反射平境

7—冷却水进口 8—冷却水出口

9—高压直流或高频高压电源

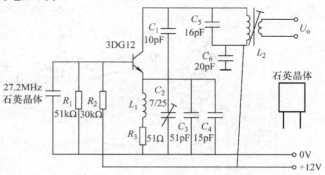

图1-2-31 石英晶体振荡电路（石英晶体为 JA12B，27.2MHz）

图1-2-31所示为27.2MHz业余频段的石英晶体振荡电路。

还可以利用石英等晶体的压电现象的反效应制成超声波发生器。超声波能够被反射、折射，更能被聚焦，且比一般声波能量大、方向性好、穿透能力强，因而可以用作金属探伤，称作超声波探伤仪。超声波探伤仪可以对金属内部，如铸造气孔、裂纹、砂眼、锻造件内部的夹渣等缺陷进行检查，从而避免因金属缺陷造成的事故。

图 1-2-32 所示为超声波探伤仪的原理图及一种探头结构示意图。

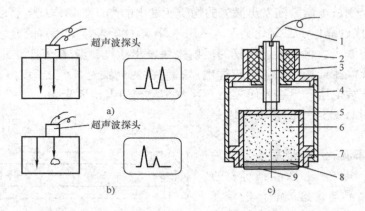

图 1-2-32 超声波探伤仪原理图及某种探头结构示意图

a）金属内部没有缺陷的超声波的反射波　b）金属内部有缺陷的超声波的反射波

c）某种超声波探头的结构示意图

1—高压脉冲电流输入　2—绝缘材料　3—导电螺杆　4—机壳　5—晶片座

6—吸收材料（钨环氧树脂）　7—接地　8—锆钛酸铝晶片　9—保护膜

超声波还可以探测海的深度以及海中的物体，如潜艇等。图 1-2-33 所示为船探测海深的示意图。

这些都是由直流高压或高频交流高压引起的

图 1-2-33 超声波探测海中的物体及探测海深

超声波在医疗上可以检查人体病变，如检查人的肾结石，以及治疗某些疾病等。超声波还可以用于清洗、除尘、加工硬度较高的工件等。

第七节 电的光效应

电的光效应是光源在通电时发光的效应，也称电光源。

电光源主要分为两类，第一类是固体发光光源，比如热辐射光源的白炽灯、钨灯、半导体发光等。第二类是通电时使气体放电发光的光源，如辉光放电发光的氖灯、霓虹灯；弧光放电的光源，如通电时低压气体放电的光源，如荧光灯、低压钠灯等；通电时高压气体放电光源，如高压汞灯、氙灯等。

近年来已将发光二极管（LED）用于照明。LED 内部是半导体 PN 结，在其基体内掺入不同元素会发出不同颜色的光。利用 LED 照明十分省电，其寿命也很长，故已被广泛使用。

1. LED

现在已有发出红、绿、黄、蓝等不同颜色的 LED，现在也有了可以发出白光的 LED。白色、黄色常用在居民家庭照明、台灯等，其他颜色用在电路或收音机的频道指示上。

LED 之所以被广泛使用，就在于 LED 电压低，只有 $2 \sim 3V$，每只 LED 的电流也非常小，都在 $50\mu A$ 以内，特别省电，而且体积小、重量轻，又能与集成电路使用电压相匹配。

2. LED 数码显示器

用 LED 制成的数码显示器如图 1-2-34 所示。它是用 a、b、c、d、e、f、g 七个 LED 分段分装及小数点（用 DP 表示）组成的多位数的整体，给不同的 LED 通电就能组成 1、2、3、4、5、6、7、8、9、0 十个数字，且可以组成多位数显示，其内部电路如图 1-2-35 所示。

LED 常用在仪表的显示上，如飞机、宇宙飞船、舰船等的数字显示，也常用在高铁每节车厢上的行车速度，下一个车站，出租车车顶上的广告等。

3. 液晶显示器

液晶显示器（LCD）已经很普遍了，比如计算机的显示屏、手机的显示屏、液晶电视的显示屏，以及电流表、万用表、转速表、计算器的屏幕等。

LCD 的构造是在两片平行的玻璃基板当中放置液晶盒，下基板玻璃上设置 TFT（薄膜晶体管），上基板玻璃上设置彩色滤光片，通过 TFT 上的信号与电压改变来控制液晶分子的转动方向，从而达到控制每个像素点偏振光出射与否而达到显示的目的。

LCD 体积小、重量轻、耗电少，又与集成电路在电压上相匹配，因而被广泛采用。

图1-2-34 LED 数码显示器

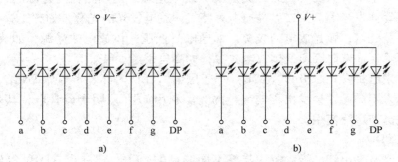

图1-2-35 LED 显示器内部电路

a）共阴极接线 b）共阳极接线

4．其他数码显示器

（1）辉光数码管 过去用辉光数码管显示1、2、3……9、0 共 10 个数字，虽然辉光数码管具有亮度高、价格便宜的优点，但它的工作电压高，要 180V 才能工作，很难与集成电路电压相匹配，故现在已经淡出市场，只有老式设备上才能看到。

（2）荧光数码管 荧光数码管在灯丝加热到 700℃以后会发射电子，经栅极加速后，高速电子流打在数字笔画（或文字笔画）电极上发光。高速电子流打在不同数字笔画的电极上，数字电极发光显示数字。

荧光数码管虽然体积小、亮度高、响应快，但需 20V 的工作电压，不能与集成电路匹配，故现已很少使用。

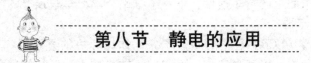

第八节 静电的应用

静电有时虽然有害，如造成火灾、击伤人等事故，但人们也可以利用静电做很多有益的事情。

静电有很多用途，如静电喷漆、静电复印、纺织工业的静电植绒、静电蔬菜保鲜、原油的静电脱水、静电分选、静电除尘、静电加速器等。

1．静电喷漆

静电喷漆是指将高压空气雾化的油漆微粒在直流高压（80～90kV）电场中

带负电荷，在高速气流和电场力作用下，油漆微粒飞向带正电荷的工件表面，形成漆膜，此过程称为静电喷漆。

静电喷漆的漆面光滑、平整、光亮，漆分子与被喷金属表面基体结合牢固。图 1-2-36 所示为静电喷漆原理图。

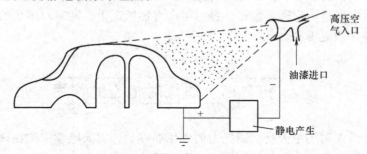

图 1-2-36 静电喷漆原理图

2. 静电复印

1933 年，美国物理学家卡尔逊（Carlson）发明了静电摄影法，直到 1959 年，经历了 26 年的发展才成为真正的办公用静电复印机。1969 年，美国 3M 公司研制成功彩色复印机。十年之后的 1979 年，美国 IBM 公司研制出世界上第一台智能静电复印机。现代静电复印机原理如图 1-2-37 所示。

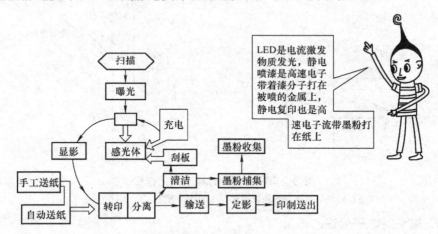

图 1-2-37 静电复印机原理框图

静电复印机在中国已经是所有办公室必不可少的办公设备。

静电复印的大体流程为：需复印的材料经扫描、曝光后的信息利用在暗区充电的光电导体（过去多为无定形硒感光鼓，现在多采用无定形硅感光鼓）无定形硅感光鼓受感光的不同而形成静电潜像。采用 π 型屏蔽罩的电晕电极施加大约6kV的直流高压在暗区对无定形硅感光鼓光电导体进行充电，然后利用粉体的磁性和静电作用在无定形硅感光鼓上吸附一层色粉图像，再将无定形硅感光鼓上色粉图像转印到纸上，转印电压为6~8kV直流高压，并且要求纸上的沉积电荷与墨粉电荷极性相反，同时也要求走纸的速度与无定形硅感光鼓的线速度相同，然后对印纸进行定形、加热，最后将印好的纸送出。同时对多余的墨粉进行捕集、收集并送回墨盒。

第九节　磁场对电流的作用

通电导线在磁场中因受到磁场力的作用而移动，古典电学中称在磁场中使通电导体移动的力为洛仑兹力。如图1-2-38a所示。

通电导体在磁场因受到的磁场力的作用而移动的实质是通电导体周围的磁场与其所在的磁场相互作用的结果。电动机就是根据通电导体在磁场中受到磁场力的作用移动而创造出来。通电导体在磁场中移动的方向用左手定则来判定，即伸出五指，大拇指垂直于其他四指，让磁通通过手心，四指所指的方向是电流的方向（按古典电学的规定，电流的方向是正电荷流动的方向，与电子流动的方向相反），大拇指所指的方向就是通电导体移动的方向，如图1-2-38b所示。

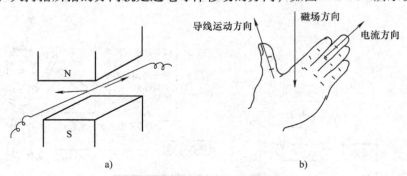

图1-2-38 磁场对通电导线的作用

a）磁场对通电导线的作用和导线的运动方向　b）左手定则

1. 磁场对电子射线的作用

当电子射线经过磁场时，磁场改变了电子射线的运动方向，使电子射线的运动路径发生弯曲，如图1-2-39所示。电子射线之所以发生运动方向的改变，是由于洛仑兹力的作用。其实是电子射线的电子流的磁场的磁力与电子射线所经过的磁场的磁力相互作用的结果。

2. 示波仪

示波仪是根据电子流在经过磁场时其运动路径发生改变这一机理而发明的。

图 1-2-40 所示为示波仪的原理示意图。示波仪是一个一头小一头大的玻璃泡，在玻璃泡的小头装有阴极 K，阴极 K 也是灯丝，由一个直流电源供电。当阴极 K 被通电点亮、升温之后从阴极发射电子。在玻璃泡中还装有带有小孔的阳极 P，从阴极发射出来的热电子被阴阳两极之间的强电场加速，阳极与阴极为共负极电路。当热电子束穿过阳极 P 的小孔时会获得很高的速度，成为很细的高速运动的电子束。玻璃泡大头为荧光屏 D，在荧光屏 D 与阳极之间装有两组互相垂直的板 A、B，A、B 板接不同频率的交流电压，当电子束经过 A、B 板时，受到加在 A、B 板上交流电压的作用，电子束就会在荧光屏上显示出加在 A、B 板上的交流电压所对应的波形光，这个波形光就是交流电的波形，这就是示波仪的原理。

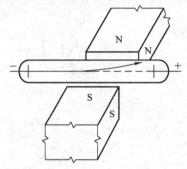

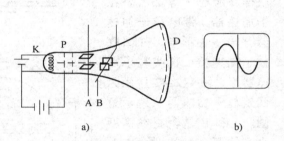

a)

b)

图 1-2-39 电子束经过磁场时，磁场改变了电子束的运动方向

图 1-2-40 示波仪原理图
a）示波仪结构示意图
b）在屏幕上可以显示的交流电的波形

3. 老式电视显像管

老式电视显像管也是根据电子束受到磁场作用使其运动路径发生偏转的机理而研制成功的。图 1-2-41 所示为老式电视显像管结构示意图。老式电视显像管是一个像漏斗的玻璃管，前面屏幕为长方形，在矩形屏幕内涂一层薄薄的荧光粉，电子束打在荧光粉上会发光。

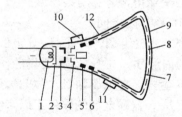

图 1-2-41 老式电视显像管结构示意图
1—灯丝 2—阴极 3—调制极 4—加速极 5、12—第二阳极
6—聚焦极 7—铝膜 8—荧光粉 9—屏幕 10—偏转线圈
11—第二阳极插座

为了让电子束打在荧光粉上而不致使荧光粉脱落，需要在荧光粉表面再涂一层薄薄的铝膜，既增加亮度又能保护荧光粉不至于被电子束击落。

阴极被灯丝加热后发射电子，通常将接收的电视信号加在阴极上。调制极是控制电视信号强弱的。加速极对从阴极发射出来的电视信号经调制极后进行加速，以保证电子束能高速激发荧光粉发光。聚焦极是将电视信号的电子束聚焦成一个很小的亮点，从而保证电视图像的清晰度。第二阳极是显像管内壁的导电层，它通过第二阳极插座加 9000～16000V 的高电压，使电子束获得更高的激发荧光能量。还有两个关键部件是行偏转线圈和场偏转线圈，它固定在显像管的根部。一个线圈磁场使电子束水平偏转以实现图像的水平方向的行扫描；另一个线圈的磁场使电子束垂直方向偏转，完成图像的场扫描，从而形成电视画面。

4. 回旋粒子加速器

将带电粒子加速的设备称作粒子加速器。近代的核反应、制造同位素、获得高能粒子等都需要粒子加速器。带电粒子加速器有很多种形式，如回旋粒子加速器、直线粒子加速器等。图 1-2-42 所示为回旋粒子加速器原理示意图。A 和 B 是密封在高度真空的两个半圆形盒内的电极，称作 D 形电极，并被置于强磁场之内，同时D 形电极与交流电源连接，于是可在 D 形电极之间产

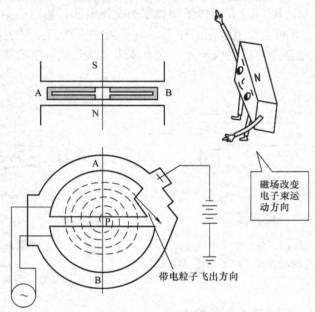

图 1-2-42 回旋粒子加速器原理示意图

生一定频率的交变电场，并在 N、S 极磁场的作用下，将置于盒中心的带电粒子P 引入 A 盒内运动，在 N、S 极磁场的作用下使带电粒子 P 有一个恒定的向心加速度进入 B 盒内。在电场和 N、S 极磁场的作用下又以加速度进入 A 盒……在不断被加速后从 A 盒在电场的作用下以直线飞出，获得高速动能。

带电粒子被加速的过程中，其质量只能在小于光速时保持不变，当被加速到光速以上时，带电粒子的质量会发生变化。

第十节 电 的 储 存

电可以储存吗？直流电可以储存，但到目前为止，交流电尚不能储存。

直流电可由电容器、蓄电池和电池储存。电容器可以多次为直流电充电、放电。蓄电池和电池可以对直流电充电、放电，这类电池又称作二次电池，当用直

流电为其充电时，电池内的化学物质会发生变化，将直流电能转换成化学能；当放电时，又将物质的化学能转换成直流电能。

1. 电容器储存电

顾名思义，电容器就是"装电"的容器。电容器的结构是一层绝缘纸、一层铝铂（或铜铂）、一层绝缘纸、一层铝铂（或铜铂）卷起来，或并排放置两层铝铂为正极和负极的装置，再用金属外壳密封起来就是电容器。金属壳内有电解质的电容器称作电解电容器，电解电容器储存的电量大，且分为正、负极。还有的电容器内没有电解液，没有正、负极之分，这种电容器储存的电量较少。图 1-2-43 和图 1-2-44 所示为电解电容器和固定电容器。

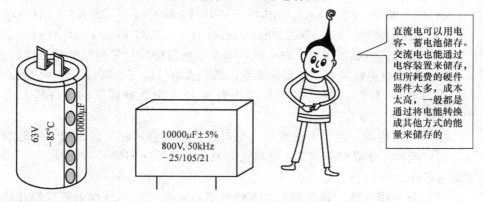

图 1-2-43　电解电容器　　　　　图 1-2-44　固定电容器

电容的单位是法拉，用符号 F 表示；比法拉小的单位是微法，用符号 μF 表示；比微法拉小的单位是纳法和皮法，用符号 nF 和 pF 表示。

$$1F = 10^6 \mu F$$
$$1\mu F = 10^6 pF$$

2. 一次电池（原电池）

所谓一次电池就是使用一次之后不能再充电、放电的电池，也称为原电池。如我们日常使用的 1 号、2 号、5 号干电池、手表中使用的纽扣电池等。常用的干电池有锌 – 锰、锌汞干电池、锌 – 银扣式电池及锂电池等。

一次电池主要用于便携式电器、电子仪器、仪表、数码相机、手表、电动玩具、助听器等。锌 – 锰干电池如图 1-1-8 所示。

（1）锌 – 锰干电池　锌 – 锰干电池中的电解质主要是氯化铵，还有少量氯化锌，正极为锰，正极输出为碳棒，负极为锌皮外壳。锌 – 锰干电池对外输出电能时，其内部的化学反应为

正极反应　　　$MnO_2 + H_2O + e = MnO(OH) + OH^-$

负极反应　　　$Zn + 2NH_4Cl = Zn(NH_3)_2Cl_2 + 2H^+ + 2e$

总反应

1）轻负载时　　$Zn + 2NH_4Cl + 2MnO_2 = Zn(NH_3)_2Cl + 2MnO(OH)$

2）长时间放电负载　　$Zn + 6MnO(OH) = ZnO + 2MnO_2 + 3H_2O$

3）重负载放电　　$Zn + NH_4Cl + H_2O + 2MnO_2 = Zn(OH)Cl + 2MnO(OH) + NH_3$

（2）锌－锰干电池第二代产品的电解质为氯化锌，含少量的氯化铵，具有防腐蚀、能大功率放电、电能密度高等优点。空载电压为 $1.5 \sim 1.8V$，终止电压为 $0.9V$。

正极反应　　$MnO_2 + H^+ + e = MnO(OH)$

负极反应　　$Zn + 2H_2O = Zn(OH)_2 + 2H^+ + 2e$

1）轻负载时　　$4Zn + ZnCl_2 + 8H_2O + 8MnO_2 = 8MnO(OH) + ZnCl_2 \cdot 4Zn(OH)_2$

2）长时间放电　　$Zn + 6MnO(OH) + 2Zn(OH)Cl = ZnCl + 2ZnO \cdot 4H_2O + 2Mn_3O_4$

（3）碱性锌－锰干电池　碱性锌－锰干电池是锌－锰干电池的第三代产品，其具有大功率放电性能好、能量密度高、低温放电性能好、密封性好等优点。空载电压为 $1.5 \sim 1.8V$，放电终止时电压为 $0.9V$，用在收音机的允许终止电压为 $0.75V$。

（4）锂原电池　锂原电池也称为锂电池，是以金属锂为负极的干电池的总称。锂电池的工作温度范围宽，属高能电池，主要用于军事、空间技术、飞机、军舰等特殊领域。

（5）锌－银电池　锌－银电池主要是纽扣电池，用 AgO 作为正极时开路电压为 $1.85V$，用 Ag_2O 作为正极时开路电压为 $1.60V$，放电电压为 $1.5V$，放电十分平稳，在常温下可贮存两年。

3. 蓄电池、电池（二次电池）

电极活性物质经氧化还原反应向外输出电能（对负载放电）被消耗之后，可以用充电方式使活性物质复原，再对外输出电能，电能消耗后再充电使活性物质复原的电池称作可充电电池，也称二次电池。

蓄电池、电池就是将电能转换成电池内物质的化学能，对外输送电能时，又将物质的化学能转换成电能的。蓄电池、电池可以多次充电和放电。

（1）蓄电池、电池（二次电池）的用途。

1）可做汽车、坦克、拖拉机、船舶等的起动电源。

2）可做驱动电源，蓄电池做驱动电源有很多优点，如噪声小、无任何有害气体或固体排放、便于维护、易于操作等。蓄电池做驱动电源可以驱动潜艇、叉车、电动汽车、电动自行车、宇宙飞船太阳能电池板的翻转、飞船的信息传输、月球车的行走、照相、信息的传输、小游艇、无人机、玩具、计算机的不间断电源，手提电动工具，发电厂的备用电源等。

3）可以做仪表、万用表、电子表、电子钟、摄像机、数码相机、手机、夜视仪、激光瞄准仪、导弹目标寻找、无人中继站、某些医疗器械（如心脏起波器）、充电宝、矿灯、手电等的直流电源。

（2）二次电池的种类 二次电池有酸性蓄电池（如铅酸蓄电池）和碱性蓄电池（如镉－镍蓄电池、锌－银蓄电池、锂电池等）两类。图1-2-45所示为车用碱性蓄电池。

1）铅酸蓄电池是以二氧化铅为正极活性物质，多孔铅板为负极活性物质，电解质为硫酸参与反应的使用最广泛的蓄电池。两极反应为

$$Pb + PbO_2 + 2H_2SO_4 \rightleftharpoons 2PbSO_4 + 2H_2O$$

铅酸蓄电池广泛地应用于汽车、叉车、柴油机、坦克、拖拉机、电动自行车等。

2）碱性蓄电池的正极活性物质是铜、镍、锰、汞等的氢氧化物、氧化物或氧卤

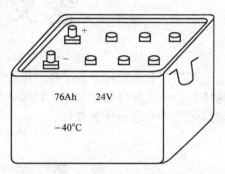

图1-2-45 车用碱性蓄电池

素等；负极活性物质是不同形状的镉、铁、锌、氢等，电解质多为含锂氢氧化钾水溶液。碱性蓄电池有多种，分为开口和密封两种结构形式。现以镉－镍碱性蓄电池为例说明其充、放电反应如下：

$$2Ni(OH) + Cd + 2H_2O \rightleftharpoons 2Ni(OH)_2 + Cd(OH)_2$$

电解液为氢氧化钾（KOH），额定电压1.2V。

镉－镍和铁－镍碱性蓄电池寿命长，循环使用寿命可达2000次以上，使用时间可达8～25年，多用于潜艇、电动汽车、电动自行车等。

3）其他碱性电池，如宇宙飞船、月球车上使用的电池及手机使用的锂电池等。

4）随着社会发展的需求，蓄电池几乎每年都有新产品问世。尤其随着电动汽车的发展和普及，对大容量、小体积、免维护、寿命长、快速充电的蓄电池的需求量与日俱增，这种蓄电池目前尚未问世，全世界都在攻关，预计未来将有突破性进展。

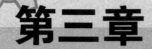

第三章

关于电的一些术语及其含义和安全用电

物质按导电性可分为导体和电介质两种，电介质和导体没有绝对的界限。绝缘体只是不容易导电的物体，绝缘体和导体，没有绝对的界限。在导体和绝缘体之间还有半导体物质的存在。

第一节 关于电的一些术语及其含义

1. 导体

能导电的物质称作导体。固态导体，如金属，被称作第一类导体。金属导体原子核最外层的电子与原子核之间的引力较小，电子可以在各个原子之间移动，这些电子被称作自由电子。电子的质量很小，只有原子核内中子或质子质量的1/1840。在导体中，自由电子的移动不会改变导体的物理性质，也不会改变导体的质量或形成质量迁移。当导体两端有电位差时，导体内的自由电子会移动形成电流。

液态导体被称作第二类导体。如酸、碱、盐的水溶液电解质中没有自由电子，但有缺少电子的原子或原子团，或有获得电子的原子或原子团，这些缺少电子或获得电子的原子或原子团称作离子，这些离子可以导电。伴随离子导电，离子在电解质中移动会引起化学变化和质量迁移。

2. 电介质

不能导电的物质称作电介质。绝缘体是对导体而言的不导电的物质。如木材、纸张、塑料、陶瓷、玻璃、云母、橡胶、酚醛塑料、空气等都是电介质，但它们不全是绝缘体，而常做绝缘体的有陶瓷、玻璃、云母、橡胶、酚醛塑料等。

即使绝缘体也不是绝对的，绝缘体随着两端电位差的增加，其绝缘程度也不同，有的绝缘体在低电压下是绝缘体，但在高压下可能被击穿成为导体。

绝缘体内没有可以自由移动的自由电子，分子或分子团外层的电子被束缚得非常紧，不能自由移动。实际的绝缘体并不是完全不导电的，在极强电场作用下，绝缘体内部的正负电荷将会挣脱束缚，而成为自由电子，绝缘性能遭到破坏，这种现象称为电介质的击穿。电介质材料所能承受的最大电场强度称为击穿场强。

3. 电阻

顾名思义，电阻就是物质对电流的阻力。导体的电阻是随着温度的变化而变化的。

1826年，科学家欧姆对各种导线做了一系列实验，发现当导线温度不变时，导线中的电流强度与导线两端的电位差成正比，这就是欧姆定律。当温度一定，加在导体两端的电压为1V，流经导体的电流为1A时，导体的电阻为1Ω。用欧姆定律表示为

$$R = \frac{U}{I}$$

式中　U——加在导体两端的电压，单位为 V；

　　　I——电流，单位为 A；

　　　R——电阻，单位为 Ω。

在电路中，为了取得合适的电位差，需要电阻，人们利用不同的导体做成不同阻值的电阻。电阻的单位为 Ω，比 Ω 大的单位为 kΩ（千欧），比 kΩ 大的单位为 MΩ（兆欧），其关系如下：

$$1k\Omega = 10^3\Omega, 1M\Omega = 10^3 k\Omega$$

电阻有功率要求，因为电流流经电阻时要做功，所以电流对电阻做功可以表示为

$$W = I^2 R = \frac{V^2}{R}$$

电阻功率有 $\frac{1}{16}$W、$\frac{1}{8}$W、$\frac{1}{4}$W、$\frac{1}{2}$W、1W、10W、100W、1000W 等。

现代的电阻多为碳膜电阻，其电阻值和功率分别用色环标定。另一种是金属膜电阻，其阻值和功率用文字标示在电阻上，还有其他类型的电阻。

除电阻之外，还有电阻丝，它们是利用电流发热的元件，如热水器中的电阻丝、电阻炉中的电阻丝等。

4. 超导体

1911年，荷兰科学家海克·卡末林·昂内斯（Heike Kamerlingh Onnes）等人发现，在极低的温度下，有些导体的电阻会突然降到接近零的状态，这些导体就成了超导体，而这种现象称作超导现象。

具有超导性质的导体称作超导体。一旦导体成为超导体，在有电流流经它时，不需要电源而电流会继续流动，甚至会维持很长一段时间。人们利用这种现象，思考如何利用超导体储能。

5. 趋肤效应

当导体中有交流电或者交变电磁场时，导体内部的电流分布不均匀，电流集

中在导体的"皮肤"部分，也就是说电流集中在导体外表的薄层，越靠近导体表面，电流密度越大，导体内部实际上电流较小。结果使导体的电阻增加，使它的损耗功率也增加。这一现象称为趋肤效应（Skin Effect）。

6. 电屏蔽和磁屏蔽

电场和磁场会对某些仪器、仪表构成干扰或破坏，为了防止电场和磁场对某些仪器、仪表的干扰和破坏，可以采取电屏蔽和磁屏蔽措施。电屏蔽和磁屏蔽就是将不受电场和磁场干扰或破坏的仪器、仪表等置于金属箱内，电场物质和磁通物质会在金属箱的金属中传输通过，而金属箱内不会有电场和磁场，使金属箱内的仪器、仪表等得到保护，这就是电屏蔽和磁屏蔽。如计算机主机用金属外箱，手机用金属壳保护等。

7. 绝缘体被击穿

当绝缘体两端的电压很高，以至于超过了绝缘体的耐压程度极限并且温度也很高时，绝缘体失去了绝缘性能而导电的过程称作绝缘体被击穿。同时温度又高且绝缘体虽然导电但电阻很大，这样绝缘体会因其自身的电阻热而烧毁。

绝缘体被击穿与电压及其周围的环境，如温度、湿度等有关。

8. 等位体

我们会看到在高压输电线上的工作人员，通常带电在高压线上检修，为什么他们不会被电击呢？原来在高压线上工作的检修人员，他们的帽子、衣服、裤子和鞋及手套都是布加入金属线织成的，当工作人员穿上这种衣服去摸高压线时，衣服与高压线成了等位体，工作人员的衣服与工作人员之间没有电位差，就不会对人构成电击伤害。这些特殊的工作服对工作人员而言构成了电屏蔽，因此，工作人员不会受到高压电的伤害。

9. 电场

有电存在的地方就有电场，电场是一种能量场。当带电物质或导体中流经电压很高的电流时，它们周围就存在很强的电场，甚至会点亮 LED。人们日常生活的周边环境应尽量远离电场，这也是城市变电站建在远离居民区的原因。

10. 半导体

介与导体和绝缘体之间的物质称作半导体。半导体有的是以元素、化合物或晶体或非晶体的固相存在的。半导体材料目前应用最广的是锗和硅，对锗和硅晶体掺入磷、砷、锑，或掺入硼、铝、镓等可以做成 PNP 或 NPN 型半导体晶体管、场效应晶体管、IGBT 等，半导体的 PN 结又可以做成二极管等。

11. 电位、电位差、电压及电动势

物体带正电荷越多，则这个物体的电位越高；物体带负电荷越多，则这个物体的电位越低。两个物体之间的电位差别称作电位差。电子在电位差的作用下流动形成电流，因此电位差也称电压，电压的单位为伏特，用 V 表示。

将其他能量转换成电能，形成有正电和负电的两极就成了电源。在电源内，

从负极到正极电位升高，当未接负载时，正极与负极之间的电位差就叫作电动势。电源的电动势越大，当外接一定阻值的负载时电流也越大。

第二节 安全用电及防雷击

1. 低电压和高电压的安全防护

1）低电压触电者的救护。现在中国居民生活用电基本都是交流 220V（AC220V），当有人触电并且触电者尚未脱离电源时，救护者不能用手拉触电者脱离电源，应用木棍或塑料管类不导电物体将触电者与电源分开，不能用金属管类导体去拨开电源，因为直接去拉触电者或用金属管类导体拨离电源都会使救护者触电，如图 1-3-1 所示。

触电很危险，一旦触电不要用手去拉触电者，应用木棍将电源线拨开，再对触电者进行急救

图 1-3-1 当有人触电时，不要用手去拉触电者，
应用绝缘的木棍拨开电线，再去抢救触电者

2）严防儿童电击伤。由于儿童对电不了解，但对电又好奇，因此往往会发生触电事故。曾发生过两岁男孩往插孔里插铁钉而遭电击的事故。家长应时时告诫孩子：触电危险，不可触碰插线板、插座等。

3）家庭用电应注意是否过载。家庭用电的电线在开发商建房时就已经置于墙内，对一般家庭用电需求是可以满足的。但如果新增大功率空调、电暖气之类的电器，则应注意原来的导线是否过载，以免因电线过载、短路而引起火灾事故。

4）冬季用电暖气取暖，不要在电暖气上搭湿衣服，以免发生火灾。人走时，应立即关掉电暖气，以防发生火灾。

5）冬季采用小太阳之类的设备取暖时，应在人走时立刻关掉电源，以免发生火灾。

6）使用电热毯不可在未关掉电源的情况下与被、褥一起卷起来，否则容易引起火灾。

7）微波炉有辐射，微波炉工作时应保持一定距离，不可在微波炉内烤生鸡蛋，因为生鸡蛋会爆炸。

8）电线起火时的救火。当电线起火时，应立即切断电源，再用水灭火。不可在未切断电源的情况下用水救火，因为水导电，泼水救火者会因受到电击而发生事故。

9）不明原因的跳闸断电。不明原因的跳闸断电，要查明原因，不要未查明原因强行合闸送电，以免发生火灾。

10）在户外应远离高压电线。在户外应远离高压电线，当高压线或架空高压线断线接地时，落地的高压线头接地会形成以接地点为圆心向外辐射成圆的电位差。如果此时有人正在这个电位差内，则不应迈步离开危险区，迈步会受到跨步电压的电击，应单腿蹦出危险区。

11）远离变压器。现在交流高压输送已经超过 22 万伏，在变压器附近会有很强的交变电场和交变磁场，人体是导体，会在人体中产生交变电动势和交变电流，对人体造成伤害。

要告诫孩子远离变压器。由于孩子的求知欲望或好奇去接触变压器而造成的电击伤亡事故也时有发生。一定要告诉孩子不要在变压附近玩耍，因为变压器附近有很强的交变电场和磁场，对人体有害。

12）触电急救。当有人触电时，首先将触电者与电源脱离。触电者很多情况下会心脏停止跳动，应就地做人工心肺复苏急救及人工呼吸，同时拨打 120 急救电话。触电者多数可以通过心肺复苏急救和人工呼吸挽回生命，不要错过机会，不要轻言放弃，触电急救如图 1-3-2a 和 b 所示。

2. 雷击

雷击可以分为三种，即直击雷、感应雷和雷击侵入波。雷电的破坏性很大，雷击可以摧毁建筑物，可以摧毁树木甚至烧毁森林，雷电可以击伤人和动物等。

（1）直击雷　在雷雨天时，带电云层与地面之间的电压可达到上亿伏，当带电云层与地面的凸出物，如树木、个别建筑物之间的电压达到击穿空气的强度时，会在带电云层与地面的凸出物之间放电，这就是直击雷。

直击雷也不仅限阴雨天，即使是晴天，当带电云层与地面凸出物之间的电压达到击穿空气的强度时也会发生直击雷。

（2）感应雷　感应雷是由于落雷时其附近的电磁感应而引起的，有静电感应雷和电磁感应雷两种。

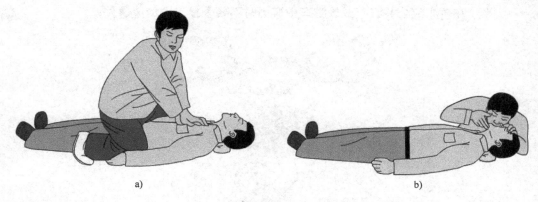

a)   b)

图 1-3-2 触电急救

a) 心肺复苏 b) 人工呼吸

1）静电感应雷是带电云层使其靠近的建筑物顶部感应出与带电云层相反的电，当电压超过击穿空气的电压时，会在带电云层与建筑物之间放电形成雷击，这种雷击会造成建筑物内引起火花或火球。

2）电磁感应雷是带电云层的电被金属导体将电流入地时，迅速变化的强大的磁场会在附近的金属导体中感应出电动势，因而会在金属导体的尖端、凸起部或缺陷部位发生放电产生火花或火球。

（3）雷击侵入波 当带电云层与地发生放电时，会对附近的金属导体或人、动物产生高压的冲击电压，这个冲击电压会对人或动物造成伤害。

3. 防雷击

1）在雷雨天不要用手机打电话。

2）在雷雨天不要用座机打电话。

3）在雷雨天不要用耳机听音乐或收听收音机。

4）在雷雨天尽量不要看电视。

5）雷雨天要关好门窗，以防带电雷球或火球进入房间。当雷球、火球进入房间时不要奔跑，防止雷球顺着空气流动而发生爆炸或烧伤。

6）在野外，雷雨天不要扛着锄头、铁锹跑，军人背枪不要枪口朝天，防止尖端放电遭雷击，如图 1-3-3 所示。

7）雷雨天时不要在孤树、孤单房屋下避雨，要找个低洼地，或建筑群，或树林中避雨，不要身靠树干或墙壁避雨，最好不要在空旷的地方打伞，不要在旷野中奔跑。

8）避雨时不要接触金属物件，如轻钢结构的钢柱、铁皮等。

9）在轿车或公共汽车或旅游车中避雨时不要手摸车内的金属件。

图 1-3-3　在雷雨天，不要在空旷地带打伞，以防雷击

第二篇

图解永磁体基础知识入门

　　能够长期保持其磁性的磁体称为永磁体。如天然的磁石（磁铁矿 Fe_3O_4）和人造磁体（铝镍钴合金）等。

　　永磁体应用范围多种多样，其中包括永磁电机、电视机、扬声器、收音机、皮包扣、数据线磁环、电脑硬盘，手机振动器等。永磁体在人们生活中无所不在，它方便了我们的生产和生活。

第一章

绪　　论

磁性很早就为人所知了，关于磁石吸铁的记载，最早可以追溯到中国的春秋时期（公元前770～公元前76年），管仲所著《管子》中，对静磁现象做了描述；战国末期，秦相吕不韦所著《吕氏春秋》中，有"慈石召铁"（即磁石吸引铁的现象）的记载；西汉时期，刘安所著《淮南子》中，更有磁石"引针""召铁"现象的生动记载；同一时期，中国利用磁石制成了世界上最早的指南针"司南"。指南针的发明为世界航海及陆地上辨别方向起到了极其重要的作用。到公元11世纪的宋朝，沈括在《梦溪笔谈》中记录了指南针"常微偏东，不全南也"的科学现象，沈括也是世界上第一位发现地磁偏角的科学家。中国明朝的医药学家李时珍在他的《本草纲目》中，把磁石作为治疗某些疾病的良药。

磁和电是什么关系呢？

1820年，安培发现在磁场中的载流导线会因受到磁场力的作用而移动。1821年，法拉第发现载流线圈在磁场中会旋转，使得利用电磁力将电能转换成机械能成为可能，从而发明了电动机。1831年，法拉第又发现，当线圈在两个磁极之间转动时，线圈中会产生电流，这就是电磁感应定律，这个定律为将机械能转换成电能的发电机的发明奠定了基础，从而发明了发电机。

电生磁，磁生电，电和磁联系在一起了。

世界上第一台发电机的磁极就是利用天然磁石做的，但由于天然磁石的磁感应强度不高，因而发电机的体积很大，效率也不高，不久就被电励磁所取代。

既然永磁体磁极可以做发电机和电动机的磁极，人们追求磁综合性能更好的永磁体。

1900年，世界上出现了第一块钨钢人造永磁体，它揭开了人造永磁体的序幕。

20世纪30年代研制出了铝镍钴（AlNiCo）、铁铬钴（FeCrCo）类永磁体。

这类永磁体的磁综合性能要比天然磁石好得多,这类永磁体可以铸造成型,铸态有良好的磁性。可以轧制成板或拉制成圆,可以热加工,也可以冷加工。

20世纪30年代也诞生了铁氧体永磁体,主要有钡铁氧体($BaO \cdot 6Fe_2O_3$)和锶铁氧体($SrO \cdot 6Fe_2O_3$)。铁氧体的原料为粉末状态,经加压成型再经烧结而成,故为脆性材料,易碎,不能弯曲和冲击,但它的磁综合性能比铝镍钴类永磁体好,且价格便宜,故得到广泛应用。

后来又有铂钴类(PtCo)永磁体问世,其磁综合性能比铁氧体永磁体的磁综合性能还好,且可以锻造、轧制、拉伸,但价格昂贵,主要用于不计较价格的军事、民航客机的"黑匣子"等。

20世纪60年代,美国发明了第一代稀土钴(RCo_5)永磁体钐钴永磁体,R表示稀土元素,也称1:5稀土钴永磁体。稀土钴永磁体的磁综合性能比铁氧体好。1973年第二代稀土钴永磁体问世,表示为R_2Co_{17},也称2:17稀土钴永磁体。2:17稀土钴永磁体的磁的综合性能又比1:5稀土钴永磁体好,但稀土钴永磁体价格昂贵,其应用受到了限制。

20世纪80年代,日本住友特殊金属公司和美国通用各自独立研制成功了钕铁硼(NdFeB)永磁体,也有人称其为第三代稀土永磁体。钕铁硼永磁体的磁综合性能比2:17稀土钴好得多,且价格便宜,故得到了广泛应用,为永磁电机的发展提供了条件。但钕铁硼是由粉末状原料经压力成型并经烧结而成的,性硬而脆,不能锻造,只能用线切割加工。

20世纪90年代之后,随着钕铁硼永磁体磁综合性能的不断提高,促进了大功率永磁发电机和永磁电动机的发展。永磁发电机的功率已达到MW级,用在直驱式风电机组上的永磁发电机的功率已达到7.8MW。永磁电动机的功率也已达到MW级,并成功地用在潜艇的驱动上。永磁电动机的转速超过10^4r/min,最低转速达到0.01r/min,永磁电动机的最小直径达到5mm以下,这是电励磁电动机无法达到的。

永磁体磁极做发电机和电动机的磁极,使得永磁发电机和永磁电动机的体积小、重量轻、温升低、噪声小、效率高、功率因数大、节能10%~20%、结构简单、便于管理、维护容易。

永磁体也被广泛地应用在选矿、仪表、保健、医疗器械及家电等诸多领域,特别是在永磁电机方面得到了更广泛的应用,同时也促进了永磁电机的发展,主要在于永磁体磁极对外做功不消耗其自身磁能,从某种意义上说,永磁体磁能不遵守能量守恒定律。

进入21世纪,英国研发出了磁力更强的超强永磁体,其直径只有50mm,厚10mm,居然可以拉动10t的汽车。但目前这种超强永磁体尚未商品化生产,一旦商品化生产投放市场,势必使永磁电机得到进一步发展,到那时,永磁电机将取代电励磁电机，就像内燃机取代蒸汽机一样不可逆转。

永磁体形成的过程就是电生磁的过程。某些铁磁质（如钕铁硼）在直流电线圈强大的均匀磁场的作用下被磁化成永磁体（关于永磁体形成的机理将在第三章第一节中说明）。

利用电生磁，人们发明了变压器，交变电流产生交变磁场，交变磁场通过铁心在另一侧线圈中产生交变电压。

利用电生磁还发明了继电器、接触器，用其来控制电路的通断。

利用电生磁，发明了电磁炮，电磁炮是利用同性磁极的排斥力将弹头打出去，弹头以极高的速度所具有的动能对敌方进行打击。

利用电生磁，可以将同性磁极相排斥的性质用在航空母舰弹射固定翼飞机上。

第二节　磁与永磁体的特点和磁能

有电流通过就有磁场，有直流电流通过就有磁场方向不变的磁场，有交流电通过，就有交变的磁场，这就是电生磁。

当一个线圈通入直流电时，在线圈两端就会出现 N 极和 S 极，如图 2-1-1 所示。线圈的圈数越多，通过线圈的直流电流越大，则线圈两端的磁场强度越大，磁力也越大。

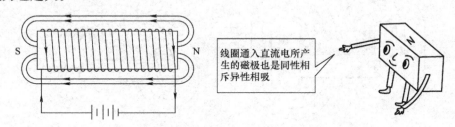

线圈通入直流电所产生的磁极也是同性相斥异性相吸

图 2-1-1　当线圈通入直流电时，线圈两端出现 N 极和 S 极

永磁体具有磁性能，有磁性能的不一定是永磁体。当一个线圈通入直流电时在线圈两端显示出磁性能，当切断电流时，线圈两端就没有了磁性能，所以线圈不是永磁体。

磁和永磁体有如下性能：

1. 磁极的磁通是由磁极的 N 极进入 S 极

2. 同性磁极相互排斥

到目前为止，很难将两个同性磁极接触到一块，如图 2-1-2a 所示。利用同性相斥这一性质发明了电磁炮，即用同性相斥原理将炮弹以高速推出，用弹头的高速动能打击敌方。利用同性磁极相斥，在航母上用电磁弹射固定翼飞机从甲板上起飞。电磁弹射比蒸汽弹射具有更大优势，它可以根据弹射飞机的重量调整弹射力，电磁弹射设备比蒸汽弹射设备小，且易于操作，维护方便。

3. 异性磁极相互吸引

异性磁极相互吸引，如图2-1-2b所示。利用异性磁极相互吸引这一性质，人们发明了电磁吊、永磁吊、永磁联轴器、除铁机、永磁选矿机、继电器等装置和设备。

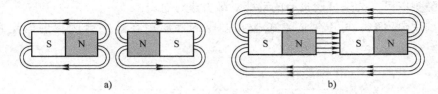

图 2-1-2

a）同性磁极相排斥 b）异性磁极相吸引

4. 磁极具有趋肤效应

在磁极的极面积内，磁通并不是均匀分布的，在磁极面积内其周边的磁场强度比磁极面积的中心磁场强度大，如图2-1-3a所示。

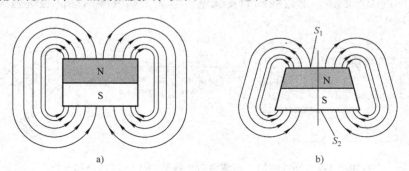

图 2-1-3

a）磁极的趋肤效应，磁体周边的磁场强度比中心的磁场强度大

b）磁极的聚磁效应，$\Phi = B_1 S_1 = B_2 S_2$，若 $S_2 > S_1$ 则 $B_1 > B_2$

5. 磁通是连续的

磁通是从磁极的 N 极出来进入 S 极，不论导磁体是什么，磁通都不会中断或减少，都会从 N 极出来进入 S 极，到目前为止，尚无法中断磁通，也就是说不能将 N 极和 S 极分开。

6. 聚磁效应

磁体具有聚磁效应，如图 2-1-3b 所示，当两个极面不相等时，极面小的比极面大的磁场强度大，因为从 N 极出来的磁通量和进入 S 极的磁通量是相等，即

$$\varPhi = S_1 B_1 = S_2 B_2$$

所以当 $S_2 > S_1$ 时，必然 $B_1 > B_2$

式中　$\varPhi$——磁极的磁通量，单位为 Wb；

　　　B_1——S_1 极面上的磁场强度，单位为 T；

　　　B_2——S_2 极面上的磁场强度，单位为 T。

利用聚磁效应是提高磁极磁感应强度的方法之一。

7. 永磁体磁极的串联

永磁体的异性磁极直接或通过磁导体连接在一起的方法就是永磁体磁极的串联，如图 2-1-4a 所示。永磁体磁极的串联会使永磁体磁极的磁感应强度有所提高。

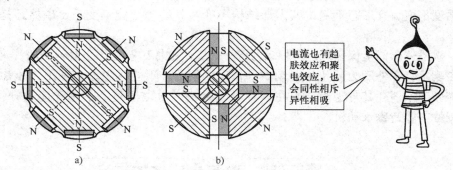

图 2-1-4 永磁体磁极串联、并联的转子

a）永磁体磁极串联的转子　b）永磁体磁极并联的转子

8. 永磁体磁极的并联

永磁体磁极的并联是将两个同性磁极共同贡献给一个磁导率很高的磁极的一种磁极连接方法。永磁体磁极并联使得公共磁极的磁感应强度有增加，但不会达到单个永磁体磁极磁感应强度的 2 倍。永磁体磁极并联如图 2-1-4b 所示。

9. 磁极的磁通会自动寻找磁阻力最小、磁路最短的磁介质通过

磁极的这个性质为永磁电机设计提供了一些不可或缺的条件，它又是可以做磁屏蔽的理论基础。

10. 永磁体磁极对外做功不消耗其自身磁能，在某种意义上说，永磁体磁能不遵守能量守恒

用永磁体磁极取代电励磁磁极做电机的磁极能使永磁电机节能 10% ~ 20%，

这是永磁体对外做功的结果，但永磁体磁能并未因对外做功而减少。

11. 永磁体的磁能

永磁体所具有的磁能不是其体积的函数。永磁体的磁能在一定范围内是永磁体磁极极面的短边、两极面之间的距离及极面长边三者的函数。利用永磁体的这个性质，不是用增加永磁体体积去增加磁能，而是采取串联、并联、径向拼接、径向串联拼接等方法来提高永磁体的磁能，或者说提高永磁体磁极的磁感应强度。

12. 永磁体磁能是保守能，它不会自动地将其自身的磁能贡献给外界

当永磁体在外力作用下对外做功时，不会消耗其自身的磁能。永磁体磁极在外力作用下对外做功，不会用其全部磁能，最理想的期望值是永磁体磁能的50%，但实际上只用其磁能的 32% ~38%，最高也不超过 40%。即使是利用32% ~38% 的磁能对外做功也不会消耗掉这 32% ~38% 的磁能，在这点上，永磁体的磁能与其他能源有所不同。例如，煤是热能源，当煤燃烧时放出热量并释放出 CO_2、SO_2 及微小颗粒物及煤渣，煤就没有了。而永磁体对外做功后其磁感应强度不变，其形态不变，其内部结构不变，其物理性能不变，永磁体还是永磁体。

永磁体磁能是保守能，当外动力停止时，永磁体磁能也停止对外做功。永磁体磁能不会在外动力停止时自动对外做功。因此，不能凭想象，利用"永磁体对外做功不消耗其自身磁能，在某种意义上说，永磁体磁能不遵守能量守恒"的特性去臆造磁永动机。

第三节　磁与永磁体的未来

人们利用电生磁和同性磁极相排斥的性质创造了磁悬浮列车，甚至在当代利用同性磁极相排斥的性质创造了电磁炮、航母上固定翼飞机的电磁弹射起飞。人们利用异性磁极相吸引的性质，发明了电磁吊、永磁吊、永磁联轴器、永磁选矿机等。

人们用永磁体磁极取代电励磁磁极创造了永磁发电机和永磁电动机。永磁电机与同功率的电励磁发电机和电励磁的电动机相比有体积小、重量轻、效率高、功率因数高、节能 10% ~20%、温升低、噪声小、结构简单、便于管理、维护容易等优点。

永磁发电机已经被广泛地应用在风电机组及其他发电场所中；永磁电动机也已经被广泛地应用在航天、航空、舰船、潜艇、汽车、电动汽车、电动自行车、工业自动控制、无人机、机器人、医疗器械、家电、玩具等诸多领域。

永磁电动机的功率由零点几瓦到兆瓦级，最小直径小于 5mm，最高转速达几万 r/min，最低转速可达 0.01r/min。可以说，永磁电动机应用之广，用量之大，型号品种之繁多，是其他任何电动机所不及的。

磁性及永磁体的应用市场仍在拓宽，市场的需求将进一步促进磁性和永磁体的发展。目前，永磁体的磁感应强度只有 0.5T 左右，尚达不到 0.6T、0.7T，更达不到 1.0T。随着科学技术的发展和对永磁体的需求，在不久的将来，一定会有磁感应强度达到 0.6T、0.7T 甚至达到 0.8T、0.9T 的永磁体问世，到那时，永磁体的应用将更加广泛，特别是在永磁电机方面，将是永磁体磁极完全取代电励磁磁极时代的到来。

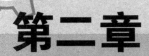

第二章

磁与永磁体的应用

在第一块人造钨钢永磁体发明至今的一百多年里，不断有磁综合性能更好的新的永磁体问世。尤其进入 20 世纪 30 年代之后，几乎每隔 3～5 年都会有新的磁综合性能更好的永磁体研制成功并投放市场。永磁体之所以得到如此快的发展，就在于永磁体对外做功不消耗其自身磁能，并且具有无噪声、无污染、效率高、节能、寿命长、可靠性高、使用方便，不需另行管理等优点。因而，永磁体在发电机、电动机、仪表、仪器、传感器、医疗器械、选矿、自动控制、激光、加速器、电子、家电、航天、航空、舰船、电动汽车、电动自行车、机器人、无人机、工业自动化、磁性塑料、磁性橡胶、养生保健、儿童玩具等诸多领域得到了广泛应用。

第一节　永磁体在发电机方面的应用

永磁体对外做外不消耗其自身磁能，因而永磁体磁极取代电励磁的转子磁极或定子磁极被用作发电机的转子磁极或定子磁极，使永磁发电机结构简单、体积小、重量轻、温升低、噪声小、效率高、功率因数高、节能、寿命长、运行可靠、便于管理、维护容易，并且可以做到多极低转速，特别适合风电机组用发电机，也适合于其他高转速、极数少的发电机。

作者经 30 余年对永磁体和永磁发电机的研究和试验，于 1997 年研制成功了 8 极三相 380V 功率 11kW 的高效永磁交流发电机。在试验台上进行 72h 全负载连续运行和对各种参数进行检测记录，结果表明，与常规同容量电励磁发电机相比，效率提高 2%～8%，温升降低 2～10℃，噪声减小 2～10dB，重量减轻 40%～60%，节能 10%～20%，功率因数当阻性负载时为 1，感性负载时为 0.9。1998 年获国家专利（专利号 ZL98211145）图 2-2-1 所示为 30 极三相 380V 功率 7.5kW 永磁发电机。该发电机为作者按其自己的专利技术制造的样机，由于这台永磁发电机额定转速为 200r/min，故采取外部强制风冷的冷却方式。

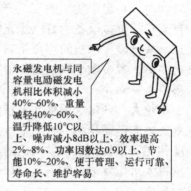

永磁发电机与同容量电励磁发电机相比体积减小40%~60%、重量减轻40%~60%、温升降低10℃以上、噪声减小8dB以上、效率提高2%~8%、功率因数达0.9以上、节能10%~20%、便于管理、运行可靠、寿命长、维护容易

图2-2-1 30极三相380V功率7.5kW永磁发电机

1. 小型爪式永磁发电机

小型爪式永磁发电机功率较小，一般在860～1200W，三相交流，电压为14～50V。三相交流经硅二极管整流后给蓄电池充电，为汽车点火线圈及汽车、拖拉机照明、仪表、自动控制等提供电力。小型爪式永磁发电机三相交流经整流后直流电压输出通常为12V、24V或48V。小型爪式永磁发电机转子结构如图2-2-2所示，三相桥式整流如图2-2-3所示。

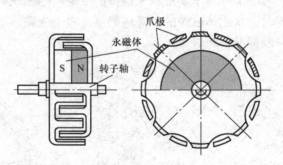

图2-2-2 小型爪式永磁发电机转子结构示意图

爪式永磁发电机转子磁极的磁通是由永磁体磁极提供的。永磁体磁极呈管状，轴向充磁通过非磁性材料固定在转子轴或直接固定在轴上。永磁体磁极的N极和S极分别固定在磁导率很高的带有爪极的法兰上，爪极在转子圆周上形成N－S－N－S……相间的磁极。当转子在外转矩的驱

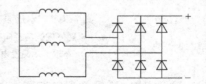

图2-2-3 小型爪式永磁发电机三相桥式整流

动下转动时，在定子绕组中便会产生交流电，经整流后为汽车、拖拉机、挖掘机、铲运机等机械设备的蓄电池充电。

爪极式永磁发电机的特点是只用一个轴向充磁的管状永磁体，永磁体数量少且结构简单，通过磁导率很高的带有爪极的法兰将永磁体的磁极传导到各个爪极上，形成 N – S – N – S……相间的转子磁极；另一个特点是爪极的数量越多，爪极的面积越大，则每个爪极的磁感应强度越弱。只有爪极数量和爪极面积之积与管状永磁体的极面积相等时，爪极极面上的磁感应强度才能和永磁体磁极的磁感应强度相等，爪极式永磁发电机的功率才能达到最大。

爪极式永磁发电机转子永磁体磁极为轴向布置，它同时充分利用了永磁体的 N 极和 S 极。

2. 中、大型永磁发电机

中、大型永磁发电机是永磁交流同步发电机，其转子磁极是永磁体磁极，定子及绕组与常规励磁发电机的定子及绕组相近。中、大型永磁发电机的转子永磁体磁极有径向布置（也称面极式）、切向布置（也称隐极式），以及径向和切向混合布置等形式。

（1）永磁体磁极的径向布置　永磁发电机中永磁体磁极的径向布置如图 2-2-4a 所示。永磁体磁极的径向布置是永磁体磁极的串联，永磁体磁极的极面直接面对气隙，漏磁少且易于实现对永磁体的冷却。当串联转子永磁体铁心为磁导率很高的材料时，永磁体磁极的磁感应强度比单个永磁体磁极极面上的磁感应强度大一些，一般情况不超过 5%。

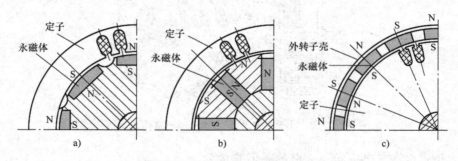

a)　　　　　　　　　　b)　　　　　　　　　　c)

图 2-2-4　永磁发电机中的永磁体磁极的布置

a）永磁体磁极的径向布置　b）永磁体磁极的切向布置

c）外转子永磁发电机转子永磁体磁极的径向布置

（2）永磁体磁极的切向布置　图 2-2-4b 所示为永磁体磁极切向布置的永磁发电机转子的结构示意图。永磁体磁极的切向布置是永磁体磁极的并联，是将两个永磁体的同性磁极通过一个磁导率很高的磁导体组成公共磁极。当这个公共磁极的极面积与单个永磁体磁极的极面积相等时，这个公共磁极极面上的磁感应强度比单个永磁体磁极极面上的磁感应强度大，但不会达到单个永磁体磁极极面磁感应强度的2倍，在有非磁性材料有效隔磁的情况下，这个公共磁极极面上的磁感应强度是单个永磁体磁极极面上的磁感应强度的1.2~1.4倍，这主要是并联永磁体磁极漏磁太大的缘故。

永磁体磁极的切向布置，由于永磁体埋在铁心中，故不易对永磁体进行有效的冷却。永磁体切向布置时安装困难，必须有专用工具，安装时应注意安全，以免永磁体飞出伤人。

永磁体磁极的切向布置使转子结构复杂且必须有非磁性材料有效隔磁，即防止N极和S极短路，否则公共磁极极面上的磁感应强度在公共磁极极面积与单个永磁体磁极极面积相等的条件下，只有单个永磁体磁极极面上的磁感应强度的0.9~1.0。

（3）外转子永磁发电机转子永磁体磁极的径向布置　外转子永磁发电机转子永磁体磁极的径向布置如图2-2-4c所示。外转子永磁体磁极的径向布置也是永磁体磁极的串联，外转子机壳是永磁体磁极的磁路，由于外转子转动且永磁体磁极面对气隙，故永磁体磁极可以得到充分冷却。

（4）永磁发电机中永磁体磁极的混合布置

永磁发电机中永磁体磁极的混合布置如图2-2-5所示。混合布置的目的是提高磁极的磁感应强度，在发电机中就是要提高气隙磁密。混合布置使转子结构复杂，且永磁体都埋在转子铁心中，不能对永磁体进行有效的冷却。

（5）永磁发电机中永磁体磁极径向布置时磁极的拼接　永磁体磁极的磁感应强度与两极面之间的距离和矩形永磁体的短边长度之比有关，这个比值越大，永磁体磁极的磁感应强度越大。当两极面之间的距离一定时，永磁体磁面的短边长度越长，永磁体磁极极面上的磁感应强度越

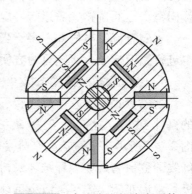

图2-2-5　永磁发电机中永磁体磁极的混合布置

小。为了提高径向布置永磁体磁极的磁感应强度，往往对径向布置永磁体磁极进行拼接，如图2-2-6所示。

3. 永磁直流发电机

永磁直流发电机的定子磁极是永磁体磁极，一般为径向布置，如图2-2-4c和图2-2-6b所示，所不同的是图2-2-4c及图2-2-6b是外转子，它转动，而永磁直流发电机用其做定子，不转动。永磁直流发电机的转子是由转子铁心及在铁心槽内嵌入的绕组和机械换向器的换向铜头等组成的。当转子在外转矩的作用下，转子绕组被定子永磁体磁极磁通切割，在绕组内产生电流，电流的方向由换

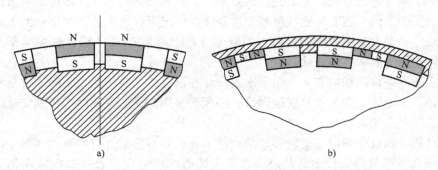

图 2-2-6 永磁发电机转子永磁体径向拼接

a）永磁发电机内转子永磁体径向拼接，拼接时不得彼此接触

b）永磁发电机外转子永磁体磁极径向拼接，异极可以用廉价的铁氧体串联，
铁氧体厚不能超过磁极高度的一半

向铜头和电刷变换到同一方向，这就是永磁直流发电机。其缺点是电刷与换向铜头之间会产生火花，电刷与铜头之间摩擦会产生炭粉落入换向铜头之间，易造成换向铜头之间短路，需运行一定时间后进行清理。

永磁直流发电机并不多，当需要直流电时，可将永磁交流发电机发出的交流电进行整流变成直流电更为方便。

4. 永磁盘式交流发电机

永磁盘式交流发电机的转子永磁体磁极是轴向布置的，它充分利用了永磁体的两个磁极，这是永磁体磁极最合理、最科学、成本最低的布置方式，如图 2-2-7所示。永磁盘式交流发电机的结构如图 2-2-8 所示。转子永磁体用玻璃纤维酚醛树脂或玻璃纤维环氧树脂增强塑料在模具中固定在转子毂上。永磁体磁极呈扇形布置，定子绕组也呈扇形分布，也是用玻璃纤维酚醛树脂或玻璃纤维环氧树脂增强塑料在模具中固定成型后固定在机架或端盖上。功率较小的定子绕组也可以做成印制电路板形式。永磁盘式交流发电机是一个定子和一个转子的结构形式，这种结构形式只利用了永磁体的一个磁极，没有充分利用永磁体的两个磁极。同时这种形式还会形成轴向推力。可以用一个转子两个定子，如图 2-2-8a所示，定子绕组圈数一样、线径一样、电动势相同，可以串联或并联。如果要求大功率，则还可以是三定子两转子结构，如图 2-2-8b 所示，还可以是三转子四定子结构等。

机壳是永磁体磁极磁通的磁路，应用磁导率很高的低碳钢制成。

永磁盘式交流发电机的特点是永磁体磁极两个磁极面得到同时利用，永磁体磁极直接面对气隙，漏磁少，永磁体易于冷却。永磁盘式交流发电机更适用于轴

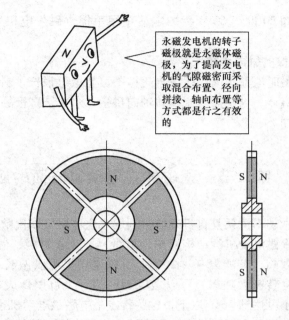

永磁发电机的转子磁极就是永磁体磁极，为了提高发电机的气隙磁密而采取混合布置、径向拼接、轴向布置等方式都是行之有效的

图 2-2-7 永磁盘式发电机的转子永磁体磁极呈扇形轴向布置

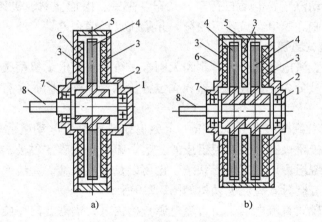

a)   b)

图 2-2-8 永磁盘式发电机

a）单转子双定子永磁盘式发电机　b）双转子三定子永磁盘式发电机

1—后轴承　2—后端盖　3—定子绕组　4—永磁体转子　5—机壳

6—前端盖　7—前轴承　8—转子轴

向空间狭窄的地方。永磁盘式交流发电机的转子轻、转动惯量小、起动容易、停车快、功率因数高、效率高、可节能 10% ~20%。

5. 其他形式的永磁发电机

还有一些形式的永磁发电机，如用在摩托车上为点火线圈及蓄电池充电的永磁发电机等。再如20世纪60年代的电话中用手摇永磁发电机发电为振铃提供电力。

6. 永磁体磁极的轴向拼接

永磁体被充磁时电流很大，所以永磁体不可能做得很长，永磁电机的磁极轴向需要较长的永磁体，这就需要永磁体轴向拼接。永磁体磁极的轴向拼接使其磁感应强度略有增加。

第二节 永磁体在电动机方面的应用

永磁体对外做功不消耗其自身磁能，利用永磁体磁极取代常规电励磁电动机的磁极，能够使永磁电机的结构简单、重量轻、节省材料、温升低、噪声小、效率高、功率因数高、节能10%～20%。永磁电动机可以做成多极低转速大扭矩，又可以做成高转速大功率；可以做成MW级，又可以做成零点几瓦；永磁电动机的直径最小可达到5mm以下，这些特点是电励磁电动机达不到的。

由于永磁电动机具有上述优点，因而被广泛地应用在航天、航空、舰船、潜艇、汽车、电动汽车、电动自行车、叉车、高铁、医疗器械、机器人、无人机、工业自动化控制、家电、航模、船模、儿童玩具等诸多领域。

1. 永磁靴式直流电动机

永磁靴式直流电动机分为有刷和无刷永磁靴式直流电动机两类。无刷永磁靴式直流电动机又分为有位置传感器和无位置传感器两种，同时又有内转子和外转子之分。

（1）永磁有刷靴式直流电动机　永磁有刷靴式直流电动机的转子是由极靴铁心及缠绕在极靴极身上的绕组组成的，定子磁极是永磁体磁极，机壳是磁路的磁导体。转子绕组可以是三角形联结，也可以是星形联结。直流换向由机械换向器完成。永磁有刷靴式直流电动机如图2-2-9所示。

永磁有刷靴式直流电动机由直流电源直接供电，当需要改变旋转方向时，只要将直流电源的正负极与电动机的正负极对调，电动机就会改变旋转方向，即原来为正转，改变旋转方向后即为反转。

永磁有刷靴式直流电动机多用于小型电动工具、儿童玩具、电动自行车、收录机等。

（2）永磁无刷靴式直流电动机　永磁无刷靴式直流电动机的转子磁极是永磁体磁极，定子为极靴铁心及在极身上缠绕的定子绕组。永磁无刷靴式直流电动机也分为外转子式和内转子式，图2-2-10a所示为外转子式，图2-2-10b所示为内转子式。永磁无刷靴式直流电动机也有有位置传感器和无位置传感器之分。不

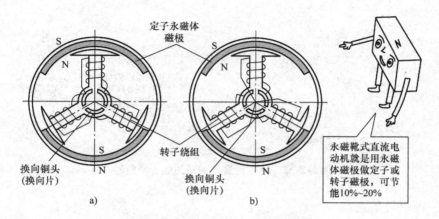

图 2-2-9 永磁有刷靴式直流电动机

a）转子绕组的三角形联结 b）转子绕组的星形联结

论是内转子式还是外转子式都有有位置传感器和无位置传感器之分。图 2-2-10c 所示为二极四靴定子绕组接线图，其为三角形联结。

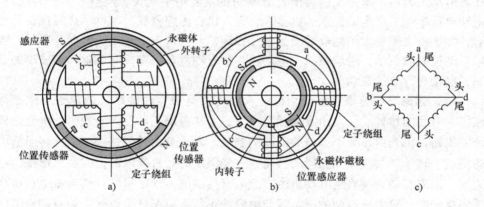

图 2-2-10 永磁无刷靴式直流电动机

a）永磁无刷外转子式直流电动机 b）永磁无刷内转子式直流电动机 c）绕组接线

有位置传感器的永磁无刷靴式直流电动机如图 2-2-10a 和 b 所示。位置传感器往往安装在机壳或端盖上，图 2-2-11 中的 HG 是霍尔位置传感器。安装在转子上的位置传感器的感应器（见图 2-2-11）转到位置传感器的位置时，位置传感器将换向信号传给电子换向器，电子换向器对直流电进行换向，如图 2-2-11 所示。

永磁无刷靴式直流电动机可以由直流电直接供电，再经电子换向器对直流电进行换向，也可以由直流电经逆变器逆变成交流供电。前者不能调速，后者可以通过改变逆变频率来调速。永磁无刷靴式直流电动机不能反转，当需要反转时要

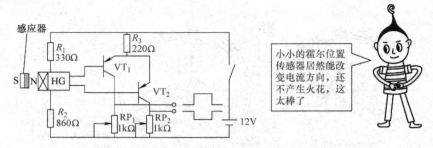

图 2-2-11　霍尔位置传感器的电子换向器

另设一套反转装置。

2. 永磁有槽直流电动机

永磁有槽直流电动机分为有刷和无刷永磁有槽直流电动机两类，而永磁无刷有槽直流电动机包括有位置传感器和无位置传感器两种，并且永磁无刷有槽直流电动机又有内转子和外转子之分。永磁有刷有槽直流电动机主要用于如电钻、打孔等电动工具中；永磁无刷有槽直流电动机主要用于航天、航空、舰船、汽车、电动自行车、工业自动控制、机器人、无人机、医疗器械、家电、高级玩具等领域，如宇宙飞船的太阳能电池板的张开和调整，月球车的驱动、转向、照相，舰船自动控制的驱动，潜艇驱动，电动汽车、电动汽车中座椅的调整、窗玻璃的升降，电动自行车的驱动等。

（1）永磁有刷有槽直流电动机　永磁有刷有槽直流电动机的定子是永磁体磁极，有径向布置、切向布置及径向拼接、串联等形式。径向布置时，机壳是磁通的磁路，机壳由磁导率很高的低碳钢制成。转子是由转子铁心、嵌入转子槽中的绕组、转子轴及机械换向器的换向铜头等组成的，直流电的换向由机械换向器完成。永磁有刷有槽直流电动机由直流电直接供电。永磁有刷有槽直流电动机当需要反转时，只要把电刷的正负极与电源的正负极对调就可以使永磁有刷直流电动机反转。永磁有刷有槽直流电动机的调速可以用提高或降低转子励磁电流来实现。图 2-2-12a 所示为永磁有刷有槽直流电动机结构示意图；图 2-2-12b 所示为转子绕组下线及接线示意图；图 2-2-12c 所示为永磁有刷有槽直流电动机转子两极 8 槽转子绕组单叠式绕组展开图；图 2-2-12d 所示为永磁有刷有槽直流电动机定子永磁体的切向布置。

（2）永磁无刷有槽直流电动机　永磁无刷有槽直流电动机的转子磁极是永磁体磁极，转子是由永磁体磁极、转子铁心及转子轴等组成的；定子是由定子铁心及嵌入铁心槽内的绕组组成的。永磁无刷有槽直流电动机也分内转子和外转子两种，同时也分为有位置传感器和无位置传感器两类。有位置传感器的永磁无刷有槽直流电动机，位置传感器安装在机壳上或定子铁心上，而位置传感器的感应

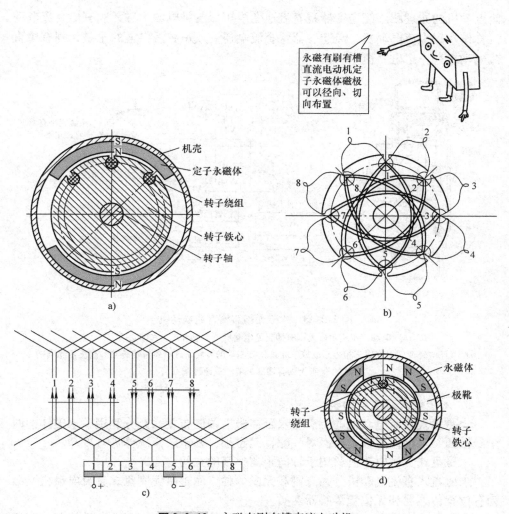

图 2-2-12 永磁有刷有槽直流电动机

a）永磁有刷有槽直流电动机结构示意图 b）转子绕组下线及接线示意图（转子8槽单叠式）

c）永磁有刷有槽直流电动机转子两极8槽转子绕组单叠式绕组展开图

d）永磁有刷有槽直流电动机定子永磁体的切向布置

器安装在转子上。当感应器转到位置传感器的位置时，位置传感器将电流换向信号传给电子换向器或逆变器来改变电流方向。同时，设有速度传感器的永磁无刷有槽直流电动机，接到速度指令后通过改变电子换向器的换向频率或逆变器的换相频率来对电动机进行调速。图 2-2-13a 所示为外转子式电动汽车用永磁无刷有槽直流电动机（外转子式）结构示意图；图 2-2-13b 所示为直流电经逆变器逆变成三相矩形波或三相正弦波驱动有位置传感器和速度传感器的永磁无刷有槽直流电动机的原理图。经逆变器将直流逆变成矩形波供电的永磁无刷有槽直流电动机称作永磁直流电动机，经逆变器将直流电逆变成正弦波供电的永磁无刷有槽直流电动机称作永磁交流电动机。

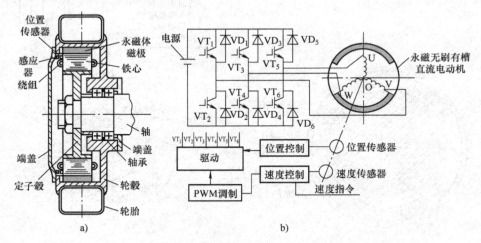

图 2-2-13 永磁无刷有槽直流电动机

a）电动汽车用永磁无刷有槽直流电动机（外转子式）结构示意图

b）直流电经逆变器变成三相矩形波或三相正弦波驱动的外转子式有位置传感器和速度传感器的永磁无刷有槽直流电动机原理图

3. 永磁盘式直流电动机

永磁盘式直流电动机的特点是永磁体磁极轴向布置，充分利用了永磁体的两个磁极面，永磁体磁极直接面对气隙，漏磁小，易于对永磁体进行冷却。

永磁盘式直流电动机适用于轴向距离狭窄的空间。

永磁盘式直流电动机分为有刷和无刷两种，而永磁无刷盘式直流电动机又分为有位置传感器和无位置传感器两类。

永磁盘式直流电动机广泛地应用在航天、航空、舰船、工业自动控制、医疗器械等领域。

（1）永磁有刷盘式直流电动机　永磁有刷盘式直流电动机的定子是永磁体磁极，呈扇形布置。转子为扇形绕组用玻璃纤维环氧树脂或玻璃纤维酚醛树脂在模具中固定在转子轴上。直流换向由机械换向器来完成，机械换向器的换向铜头也用玻璃纤维环氧树脂或玻璃纤维酚醛树脂在模具中固定在转子轴上。永磁有刷盘式直流电动机可以是单转子单定子，也可是双转子三定子结构，功率越大则转子和定子数越多。

永磁有刷盘式直流电动机只要把直流电源的正负极与电刷的正负极对调就可以方便地使电动机反转。

永磁有刷盘式直流电动可以通过改变转子励磁电压来调速。

由于永磁有刷盘式直流电动机电刷与换向铜头之间会产生火花而对其他元件有干扰，故用途有限。

（2）永磁无刷盘式直流电动机　永磁无刷盘式直流电动机的转子磁极是永磁体磁极，呈扇形布置，如图2-2-14c所示，用玻璃纤维环氧树脂或玻璃纤维酚醛树脂在模具中固定在转子轴上。定子绕组也呈扇形，用玻璃纤维环氧树或玻璃纤维酚醛树脂在模具中成型，之后安装在机壳或端盖上。永磁无刷盘式直流电动机的结构如图2-2-14a和b所示。

永磁无刷盘式直流电动机又有有位置传感器和无位置传感器两种。有位置传感器的永磁无刷盘式直流电动机可以由电子换向器来对直流电进行换向。当转子上位置传感器的感应器转到位置传感器的位置时，位置传感器将电流换向信号传给电子换向器，电子换向器对电流进行换向。电子换向器及霍尔位置传感器如图2-2-11所示。有位置传感器的永磁无刷盘式直流电动机也可以由逆变器将直流电逆变成矩形波或正弦波交流电对电流换相，如图2-2-14d所示。

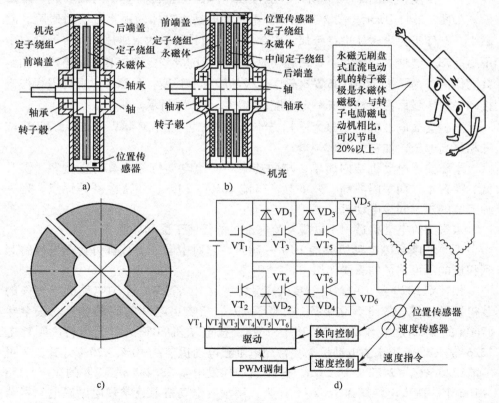

图 2-2-14　永磁无刷盘式直流电动机
a）单转子双定子永磁无刷盘式直流电动机　b）双转子三定子永磁无刷盘式直流电动机
c）永磁无刷盘式直流电动机转子永磁体磁极的扇形磁极　d）永磁无刷盘式直流电动机的逆变电路原理图

1）永磁无刷盘式直流电动机不能反转，当需反转时，应有另一套换向装置。

2）永磁无刷盘式直流电动机有逆变器可以通过速度传感器经驱动器改变逆变频率来实现调速，如图 2-2-14d 所示。

4. 永磁交流电动机

永磁交流电动机的转子磁极是永磁体磁极，定子是由定子铁心及嵌入定子槽的绕组等组成的。永磁交流电动机的电源就是交流电源，永磁交流电动机是交流同步电动机。

为了使永磁交流电动机便于起动，可以在将转子永磁体布置成径向或切向的同时，在转子铁心外圆冲一个与轴向成一定角度的导条孔，孔内嵌入铜导条，导条端部做短路处理，如图 2-2-15a 和 b 所示。转子永磁体也可以直接布置成与轴线成一定角度，如图2-2-15c所示；也可以将永磁体错位布置成与轴线成一定角度，如图2-2-15d所示。图 2-2-15c 和 d 的优点是永磁体磁极直接面对气隙，漏磁少，又便于对永磁体进行冷却。图 2-2-15a 和 b 所示的永磁体埋在转子铁心中不易冷却，这种永磁体的布置在起动时需要导条的异步电动机和永磁体磁极同步共同作用。为了提高径向布置永磁体磁极的磁感应强度，永磁体磁极可以径向拼接和异极串联后再与轴线成一定角度，如图 2-2-15e 所示。

永磁交流电动机的电源为三相交流电源，如三相交流 48V、220V、380V 或三相更高电压，如三相 1100V 等。

永磁交流电动机结构简单，与同功率的交流电动机相比具有重量轻、温升低、噪音小、功率因数高、效率高、节能 10%～20%、外特性硬等优点，是一种节能的永磁同步电动机。

永磁交流电动机适用于常规交流电动机的任何工况和环境。

不要小觑永磁电动机节能 10%～20%，它对中国节能减排可持续发展将起到积极的不可估量的重要作用。

预计到 2020 年，中国用电装机容量将达到 10 亿 kW。全国电动机按 35% 的装机容量计算，需 3.5 亿 kW，相当于 19 个三峡水电站的装机容量。按全年 8760h 的 80% 发电计算为 24528 亿 kWh，按电动机 50% 的时间运行，则耗电 12264亿 kWh。用永磁电动机取代常规电励磁电动机节能 10%～20% 计算，年可节能1226.4亿～2452.8 亿 kWh，这相当于年发电量23.245 亿 kWh 的火电厂53 ～106 个，按火电耗煤 283g/kWh 计算，用永磁电动机取代常规电励磁电动机节能 10%～20% 计算，每年可节煤 3471 万～6942 万 t，可以少排放 1978 万～3956 万 t 的 CO_2 和 52 万～104 万 t 的 SO_2 及无法计算出来的微小颗粒物。

这些数字对中国节能减排可持续发展具有重大意义。

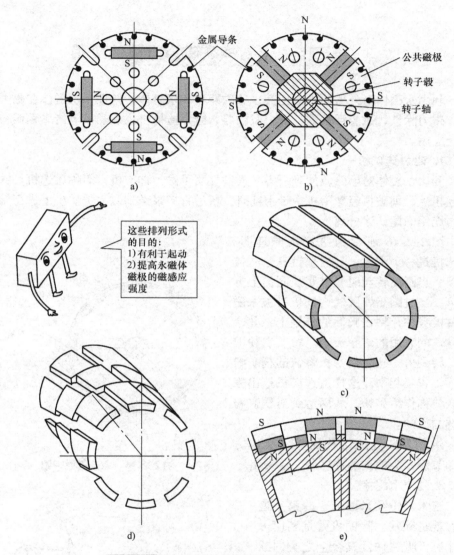

图 2-2-15 永磁交流电动机转子永磁体的布置

　a）转子铁心圆周有铜条的永磁体磁极的径向布置

　b）转子铁心圆周有铜条的永磁体磁极的切向布置

　c）为便于永磁交流电动机的起动，永磁体磁极与转子轴线成一定角度

　　d）永磁体磁极错位布置成与轴线成一定角度

　　e）永磁体磁极的径向拼接和串联

 第三节 永磁体在磁力方面的应用

利用永磁体对外做功不消耗其自身磁能这一永磁体的特性，永磁体在磁力选矿、磁力除铁、磁悬浮轴承、磁力联轴器、磁力捡拾机、永磁吊等诸多领域得到广泛应用。

1. 磁力选矿机

利用永磁体对顺磁质的吸引力，人们发明了磁力选矿机，简称磁选机。铁矿石经粗破、细破再经球磨机中带水细研，最后将矿浆送到磁力选矿机上进行精铁粉与无用的尾矿浆分离。

图 2-2-16 所示为磁选机原理图。磁选机是一个圆筒，其内壁镶有永磁体磁极，当圆筒转动时，矿浆从圆筒上方流下，经过圆筒外圆时，铁矿粉被永磁体磁极吸住，粘在圆筒的外圆上，其余不含铁的无用的矿浆流走。粘有铁粉的圆筒转到另一侧时由刮板将铁的精矿粉刮下，收集起来。这样由选矿机选出来的铁粉称作精矿粉，从而达到对铁矿粉精选的目的。

磁力选矿机的结构简单、操作方便、节能，为铁矿的选矿所广泛采用。

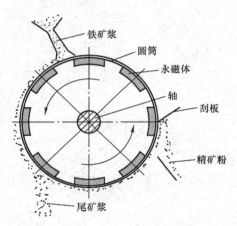

图 2-2-16 磁选机原理图

2. 永磁除铁机

玉米淀粉及米面加工的第一道工序就是除铁。除铁机就是利用永磁体磁极吸住铁及其合金之类的顺磁质，将其从玉米或其他粮食中分离出来。图 2-2-17 所示为永磁除铁机原理图。除铁机是在振动筛底安装了永磁体磁极的装置。当玉米或其他粮食从振动筛上部流入振动筛里后，铁矿或铁的合金等顺磁质被吸在振动筛上，玉米或其他粮食受震动流下，小于玉米或其他粮食的杂质从筛孔落下，实现了玉米或其他粮食与

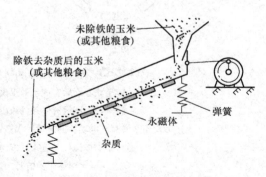

图 2-2-17 永磁除铁机原理图

铁及其合金等顺磁质和杂质的分离。

铸铁和铸钢企业利用这个机理将型砂与铁豆、钢豆、飞皮等分离。

3. 磁力精铁粉捡拾机

从铁矿的选矿厂把精铁粉用汽车运到冶炼厂，一路上的颠簸使很多铁的精矿粉散落到公路上，既污染了环境，又浪费了资源。人们发明了一种用拖拉机拖动的精铁粉捡拾器，如图2-2-18所示。捡拾器是两端有轮子的圆筒，筒外圆距地面10~20mm，筒内壁镶嵌永磁体磁极，当拖拉机拖动捡拾器在路上行走时，散落在路上的精铁粉就被吸到圆筒的外圆上，当圆筒上粘的精铁粉太多时就停下来，用液压油缸将圆筒抬起，再将吸在圆筒上的精铁粉刮下来装入袋中。这样，一天下来可以捡到几吨的精铁粉。从铁矿的选矿厂到冶炼厂的路上会看到这样的拖拉机拖动的精铁粉捡拾器。

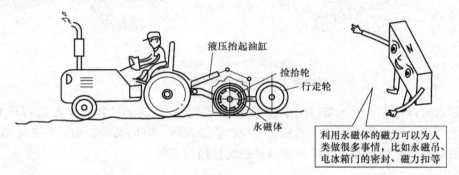

液压抬起油缸

捡拾轮
行走轮

永磁体

利用永磁体的磁力可以为人类做很多事情，比如永磁吊、电冰箱门的密封、磁力扣等

图2-2-18 永磁精铁粉捡拾器原理示意图

4. 磁力联轴器

利用永磁体异性磁极相吸引的性质做成的磁力联轴器无噪声，当输入扭矩超过设计的额定扭矩时，由于输入扭矩超出了永磁体磁极的吸引力所形成的扭矩而使得输入端主动半联轴器空转，起到安全保护作用。

磁力联轴器有两种结构形式，如图2-2-19a和b所示。

图2-2-19a所示为永磁体径向布置的磁力联轴器，主动半联轴为一个圆筒内壁与被动半联轴器圆筒的外壁分别固定N极和S极相对应的永磁体，通过气隙相互吸引，使主动半联轴器与被动半联轴器连接。

图2-2-19b所示为永磁体轴向布置的磁力联轴器。它为盘状结构，在主动半联轴器的圆盘端部与被动半联轴器圆盘的端部分别固定N极和S极相对应的永磁体，通过气隙主动半联轴器与被动半联轴器连接起来。当被动端半联轴器的扭矩超过主动端半联轴器的扭矩时，主动端半联轴器会空转，从而起到保护作用。

5. 永磁体磁力在其他方面的应用

永磁体磁力在其他方面的应用，包括磁悬浮轴承、作者设计的轧钢机万向联

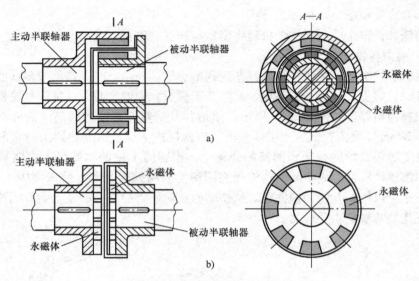

主动半联轴器 被动半联轴器 永磁体 永磁体

a)

主动半联轴器 永磁体 永磁体 被动半联轴器 永磁体

b)

图 2-2-19　磁力联轴器

a）永磁体径向布置　b）永磁体轴向布置

轴器永磁体托瓦、电冰箱门的磁性橡胶密封、各种包的磁性扣、文具盒的开关、磁性围棋、磁性象棋、裤带的磁性自动锁紧机构等。它们都是利用异性磁极相互吸引或同性磁极相互排斥的永磁体磁极的性质制成的。

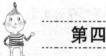

第四节　电磁力的应用

1. 电磁力控制的开关、交流接触器

线圈通电后在线圈两端就会有磁场，有铁心的线圈两端的磁场强度比没有铁心的线圈两端的磁场强度大得多。根据这一性质，设计制造出了电磁铁、交流接触器、中间继电器等，它们都是利用线圈通电产生磁场吸引衔铁而控制开关的例子，如图 2-2-20a 和 b 所示。线圈的励磁电流可以是直流电，也可以是交流电。

2. 电磁吊

利用通电线圈内的铁心产生的电磁力可以吸引铁及其合金的性质，制成了电磁吊，如图 2-2-21 所示。当线圈通入很强的电流时，线圈内的铁心就会产生很强的磁力来吸住要吊起的钢板，当吸引钢板后吊车可以将钢板从一个地方运到另一个地方或吊起钢板装入车厢内，而后切断电流，钢板会自动放下，与电磁吊分离。

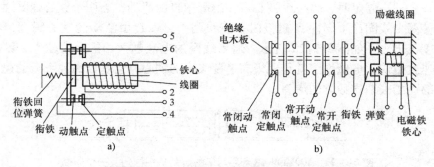

图 2-2-20 电磁力控制的开关和交流接触器

a）电磁力控制的开关（当线圈 1 和 2 通电时，铁心的磁力吸引衔铁，使动触点 5 和 6 及触点 3 和 4 接通，
形成两个开关；当线圈 1 和 2 断电时，衔铁回位弹簧将衔铁拉回，两个动触点与定触点分开）

b）交流接触器原理图（当励磁线圈得电后，电磁铁铁心将衔铁吸合，此时有
四个常开触点接触接通，其中三个是接通三相电动机电源的，剩下的一个与按钮开关并联
接通励磁线圈，当按钮开关打开时，依然会接通励磁线圈）

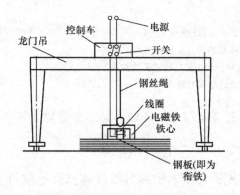

图 2-2-21 电磁吊原理图

（当接通电源并合上开关后，电磁铁励磁线圈得电，电磁铁铁心吸引钢板，控制车里的卷扬机
会把吸住的钢板吊起来，龙门吊会把钢板送到另一个地方或装车后，再将开关断开，卸下钢板）

3. 磁悬浮列车

中国已决定制造速度为 600km/h 的磁悬浮列车，如图 2-2-22 所示。磁悬浮的原理是利用同性磁极相斥的性质，把整个列车托起来，同时又使其排斥力具有使整个列车前行的力，从而使列车前进。

磁悬浮列车阻力小、无噪声、自动平衡，可以达到很高的时速。中国要制造的速度达到 600km/h 的磁悬浮列车将是世界上跑得最快的磁悬浮列车。

4. 电磁炮

电磁炮也是利用同性磁极相斥的性质制成的。当两个线圈铁心紧挨着，并且其中一个铁心固定时，另一个铁心可在线圈中自由活动，当两个铁心线圈通入电流，使两个线圈产生同性 N 磁极时，在线圈中可以自由活动的铁心瞬间以极高的速度飞出去，如图 2-2-23 所示。通入线圈的电流越大，排斥力越大，铁心飞出的速度越快。电磁炮弹就是以极高速度飞出的铁心，它是以高速飞行的速度所具有的动能去杀伤敌方的炮弹。

图 2-2-22 600km/h 磁悬浮列车的研制是中国的又一个骄傲

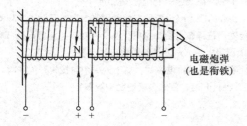

电磁炮弹
(也是衔铁)

电流产生的磁场强度很大，磁悬浮列车、电磁炮、电磁弹射都是利用同性相斥的性质制成的

图 2-2-23 电磁炮机理图
（电磁炮弹是电磁线圈的铁心，当两线圈被通入
强大的直流电流时，产生的同性磁极使弹头
被极大的排斥力推出）

为了使铁心弹头具有足够大的动能，必须有足够大的电流，这需要消耗足够大的电功率。

5. 电磁弹射

近年来，美国率先研发用电磁弹射取代蒸汽弹射航母上固定翼舰载机的新技术。

电磁弹射就是两个通电线圈的铁心获得 N 极同性磁极的巨大排斥力去推动舰载机，使舰载机获得起飞速度。

图 2-2-24 所示为作者想象航母电磁弹射舰载机装置的示意图。如果推力铁心质量 $m_1 = 1000\text{kg}$，被弹射的舰载机质量 $m_2 = 30000\text{kg}$，推力铁心初速度为 V_1，被弹射的舰载机起飞速度为 $V_2 = 300000\text{m/h}$，不计舰载机发动机的推力，则根据能量守恒定律

$$\frac{1}{2}m_1 V_1^2 = \frac{1}{2}m_2 V_2^2$$

即

$$\frac{1}{2} \times 1000 \, V_1^2 = \frac{1}{2} \times 30000 \times [300000 \div (60 \times 60)]^2$$

$$V_1 = 456\text{m/s}$$

这个速度是可以达到的，不同的线圈励磁电流可以弹射不同质量的舰载机。

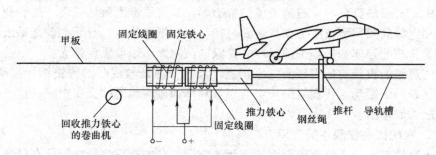

图 2-2-24 航母电磁弹射想象示意图

当给两个线圈同时通电时，推力铁心瞬间推动飞机前进，飞机发动机的推力和推力铁心的推力的合力使飞机起飞。飞机起飞后，回收推力铁心的卷曲机的电机与其结合，电机转动拖动卷曲机转动并将推力铁心回收到线圈内。它的机理是两个线圈产生的磁场在两个铁心接触端都为 N 极，同性磁极相斥，使推力铁心以高速被推出，拖动飞机前进起飞。

第五节 永磁体在磁感应和磁场方面的应用

永磁体磁极的磁感应和磁场在很多领域都得到了广泛的应用，如各种电磁系仪表，各种扬声器、耳机、传声器、磁疗器械等。

1. 永磁体在扬声器和传声器中的应用

电视机、收音机、音响中的扬声器，以及各种传声器等无一不是利用永磁体磁场的。

扬声器又分为外磁式和内磁式两种，如图 2-2-25a 和 b 所示。外磁式磁场对外界影响较大，内磁式磁场对外界影响较小。

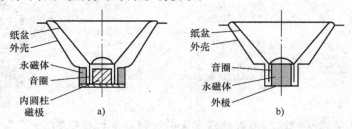

图 2-2-25 扬声器结构示意图
a）外磁式 b）内磁式

扬声器的机理是当音圈内有音频电流通过时，由于音圈线圈在永磁体磁极的磁场中，音圈的磁场与永磁体磁场的合磁场，加大了音圈磁场强度，故音圈会按着音频电流的频率和幅度振动，音圈与扬声器的纸盆相连，音圈振动拖动纸盆一起按着音频的频率和振幅振动发声。音频电流越大，纸盆发声越大。

传声器的机理与扬声器的机理相反，当声音使纸盆或薄的弹簧钢片振动时，音圈在磁场中振动，音圈线圈产生与声音频率和振幅相同的交变电流，这个交变电流放大后输出。

2. 永磁体在仪表中的应用

永磁体在电磁系仪表中得到了广泛的应用，它的机理是通电导体在磁场中会运动，或在磁场变化时使线圈中产生电流。图 2-2-26 所示为电流表结构图。

电磁系仪表如电流表、电压表、万用表等，还有电磁系传感器，如霍尔传感器、干簧管开关及磁控开关、磁疗器械等。

3. 磁场对电流的作用

用永磁体磁场控制带电粒子或电子的运动也得到了广泛应用，如显像管、粒子加速器等。图 2-2-27 所示为电子在永磁体磁场中的运动路径发生弯曲。

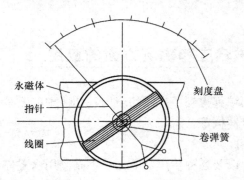

图 2-2-26　电流表结构示意图

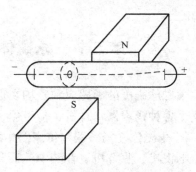

图 2-2-27　电子在磁场中运动路径发生弯曲

永磁体的应用很广泛，如果永磁体的磁感应强度能达到1.5T，则有可能利用永磁体做固定极，再用线圈铁心通电来实现电磁炮或航母舰载机的电磁弹射

磁场使电子运动路线发生弯曲；强磁场还会使各种磁卡失效；更强大的磁场还会使通信中断，甚至使互联网中断

4. 永磁体磁极的磁场可以使磁卡失效，可以使计算机的 CPU 失效

强大的电磁场足以使通信中断，使互联网遭到破坏。

第三章

永磁体形成的机理、特性和性能

天然磁石的磁感应强度不高，自第一块人造钨钢永磁体发明以来，人们在生产和生活中的很多场合都会用到永磁体。那么，永磁体是如何形成的？它又有什么特性和性能呢？

第一节　永磁体形成的机理

1. 永磁体形成的机理

1819 年，奥斯特发现放在载流导体旁边的磁针会因受到力的作用而偏转。1820 年，安培又发现磁场内的载流导体会因受到力的作用而移动。之后，法拉第发现永磁体在线圈中移动时，线圈中会产生电流，当线圈通以电流时，线圈中的永磁体会移动，从而发明了发电机和电动机。磁生电，电生磁，电和磁被联系到一起了。

1822 年，安培提出了有关物质磁性本质的假说，他认为一切磁现象的根源是电流。在磁性物质的分子中存在着回路电流，称作分子电流。分子电流相当于基元磁体，物质中的磁性取决于物质分子中分子电流对外界磁效应的总和。

安培关于物质磁性本质的假说与现代对物质磁性的理解是一致的。

作者自 1973 年至今，经过 40 余年对永磁体和永磁发电机及永磁电动机的研究认为：当永磁体材料未被充磁前，它的分子和晶粒周围的电子在它们各自的空间轨道上运动，如图 2-3-1a 所示。当永磁材料被充磁时，这些绕着永磁材料分子和晶粒的空间轨道上运动的电子立即改变原来的空间轨道运动，变成绕原子核和晶粒的平面运动，如图 2-3-1b 所示。这些电子平面运动的方向与充磁电流的方向一致。这些在永磁材料中绕原子核和晶粒做平面运动的电子所形成的磁极与充电电流所形成的磁极一致。当充电结束后，有极少数电子又回到原来绕原子核和晶粒的空间轨道上运动，而大多数电子依然保持绕原子核和晶粒做平面环流运动，从而使得永磁材料变成了永磁体。这也是永磁体的磁场强度比充磁后的磁场强度小一些的原因。永磁体中电子绕原子核和晶粒做平面运动所形成的磁极如

图 2-3-1d 所示；右手螺旋定则如图 2-3-1c 所示。

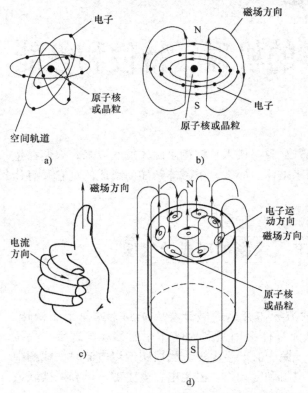

永磁材料与永磁体的区别在于它们内部的电子运动轨道发生了变化，而其硬度强度、密度、组成成分等没有变化。电子环流是永磁体磁性基础，没有电子环流就没有永磁体的磁性

图 2-3-1 永磁体形成的机理示意图

a) 永磁材料未被充磁　b) 永磁材料被充磁　c) 右手螺旋定则

d) 电子绕晶粒或原子核的平面环流形成永磁体磁极

永磁体充磁后剩余的磁通称作剩磁，单位为 T 或 Gs（$1Gs = 10^{-4}T$）。

将永磁体从中间一分为二，则两块永磁体依然具有 N 极和 S 极。将其中的一块再从中间一分为二，每块仍然有 N 极和 S 极，这样分下去直到永磁体的分子和晶粒，都会有 N 极和 S 极。这充分说明了永磁体内部电子回路是垂直于永磁体磁通的，而且必须是绕原子核和晶粒的平面电子环流。在永磁体内部如果没有电子绕原子核和晶粒的平面同方向的环流，就没有永磁体磁极。

关于永磁体内有电子环流也有如下证明：某市纳米研究所所长给作者来电话询问："当某种金属被切到接近纳米尺寸时，为什么突然出现磁性？"作者为他解释："金属晶粒周围的电子绕着晶粒在晶粒周围的它们各自的空间轨道上运动，当你将金属切割到接近晶粒时，这些电子失去了空间轨道，这些电子只能绕晶粒做同方向的平面环流运动，这些做平面环流运动的电子的宏观表现就是磁性。这就是你切割某金属接近纳米尺寸时突然出现磁性的原因。

永磁材料一旦被充磁，获得磁能，是不会自行去磁的，除非将其加热到它的居里温度，或不断地高频振动或反向充磁。永磁材料被充磁变成永磁体只是其内的电子运动轨道发生了改变，其他性质，如密度、强度、硬度及内部组成的成分等没有变化。

2. 地球的磁极

地球有南北磁极，地球的地理南极和北极与地球的南磁极和北磁极是不同的，它们之间有一定的偏角。地球南磁极用 S 表示，北磁极用 N 表示。地球的南、北磁极是怎么产生的？

作者曾于 1980~1990 年间多次多地对大地表面（在地表深度 100~300mm 之间）电流进行测量，验证了地球的南北磁极是由自西向东的电流形成的。1980 年在四个地点测量的大地表面的电流数据见表 2-3-1。

表 2-3-1   1980 年在四个地点测量的大地表面的电流

实测大地电流时间	实测大地电流地点	实测大地东西方向电流	实测大地南北方向电流
1980 年 6 月 25 日	内蒙古巴林左旗兴隆地大队兴隆地小队	6~8μA	1~3μA
1980 年 6 月 29 日	内蒙古林东镇八一大队古城小队	5~8μA	1~2μA
1980 年 7 月 20 日	北京市永定门外	8~10μA	1~3μA
1980 年 9 月 18 日	吉林省公主岭市大榆树大队第 10 小队	6~8μA	1~3μA

实测大地电流东西方向电流是南北方向电流的 3~6 倍，地球东西方向电流形成了地球的磁极，实测表明大地电流自西向东流，形成了地球的北磁极和南磁极，如图 2-3-2 所示。

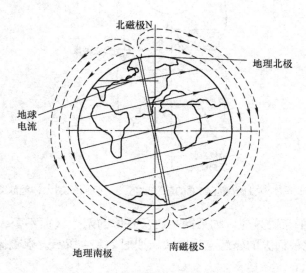

图 2-3-2   地球的北磁极 N 及南磁极 S

第二节　永磁体的特性

永磁体有很多的特性，永磁体的磁能也有别于其他能量形式，具有其特殊性。

1. 永磁体的特殊性

1）永磁体有两个磁极，称作 N 极和 S 极。

2）永磁体的磁极能吸引铁及其合金。

3）永磁体的两个极不能分成单独的 N 极和 S 极。世界上也没有任何物质可以将永磁体的 N 极与 S 极分开。

4）永磁体磁极在不受约束的情况下，其磁极指向地球的南、北磁极。

5）永磁体磁极同性相斥，异性相吸。

6）永磁体具有趋肤效应。在永磁体的极面上，四周的磁力比极面中间的磁力大，永磁体的这种效应称作趋肤效应，如图 2-3-3 所示。永磁体的趋肤效应是由电流的趋肤效应形成的。

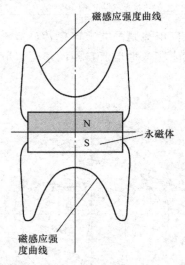

磁感应强度曲线

N

S

永磁体

磁感应强度曲线

图 2-3-3　永磁体磁极磁感应强度的趋肤效应，磁极面积越大，趋肤效应越显著

7）永磁体的聚磁效应。如果同一块永磁体的两个极面不等，则其中极面小的磁感应强度比极面大的磁感应强度大，如图 2-3-4 所示。永磁体磁极的这种特性称作聚磁效应。

通过两极的磁通量相等，即 $\Phi_1 = \Phi_2$，$S_1 B_1 = S_2 B_2$，因为 $S_2 > S_1$，所以

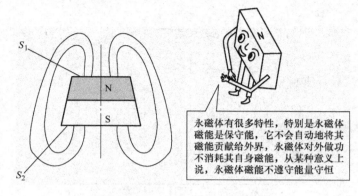

永磁体有很多特性，特别是永磁体磁能是保守能，它不会自动地将其磁能贡献给外界，永磁体对外做功不消耗其自身磁能，从某种意义上说，永磁体磁能不遵守能量守恒

图 2-3-4　永磁体的磁通的聚磁效应

$B_1 > B_2$。

其中，B_1 为 S_1 面的磁通密度；B_2 为 S_2 面的磁通密度。

S_1 面磁通密度大于 S_2 面的磁通密度，这就是聚磁效应。

8）永磁体磁通的连续性。永磁体的磁通从永磁体的 N 极出来进入 S 极的过程中，磁通是连续的，没有任何物质可以中断磁通。或者说没有任何物质可以将永磁体的 N 极和 S 极分开而形成独立的 N 极和 S 极。永磁体的磁通量从 N 极出来多少就会一点不少地回到 S 极多少，在途中磁通量不会丢失。

9）永磁体的磁感应强度及磁能不是永磁体体积的函数。在永磁体磁场中，磁介质垂直于磁通单位面积上通过的磁通量称作永磁体的磁感应强度。磁感应强度不是永磁体体积的函数，而是永磁体矩形磁极面边长（或其形状相当于短边长度）和在一定范围内两极面之间距离的函数。作者经 40 余年对永磁体的研究和实践，总结出计算永磁体磁感应强度的永磁体端面系数 k_m，$k_m = a_m / h_m$ 其中，a_m 是矩形永磁体极面的短边长，h_m 是两极面之间的距离。端面系数是计算永磁体磁感应强度不可或缺的参数。当两极面面积确定后，增加两极面之间的距离，磁感应强度会增加，但不是线性增加，当增加到一定数值后，再增加两极面之间的距离，磁感应强度不再增加。作者用同一材料、同一工艺做了直径 15mm、两极面距离 h_m 分别为 5mm、10mm、15mm … 60mm 共 12 个永磁体，分别测得其极面上的磁感应强度。当两极面确定后，随着 h_m 的增加磁感应强度有所增加，当 h_m 增加到 60mm 时，磁感应强度又降到 $h_m = 20$mm 时的值。说明永磁体的磁能不是其体积的函数，如图 2-3-5 所示。

10）磁屏蔽。为了防止永磁体磁场对无线电元件性能的干扰，可以用铁或其合金制成封闭的箱体，将电路装在箱内，永磁体磁通会经过箱体而不会对箱内元件造成干扰，如手机壳、电脑主机机壳等，如图 2-3-6 所示。

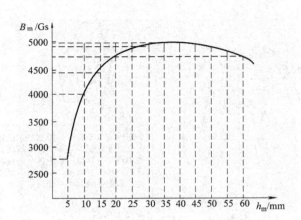

图 2-3-5　永磁体的两个极面积确定后，增加两极面之间的距离 h_m 的磁感应强度曲线

永磁体磁极取代电励磁磁极可以节能10%~20%，但不能利用永磁体磁能做磁永动机

图 2-3-6　磁屏蔽

11）永磁体磁通的磁路。永磁体的磁通会自动寻找磁路最短、阻力最小的磁路通过。

12）永磁体磁极的磁场会使银行卡之类的磁卡失效。

2. 永磁体磁能的特性

1）永磁体磁能是保守能。永磁体的磁能是保守能，永磁体不会自动地将其磁能贡献给外界。在理论上永磁体对外做功的磁能的期望值只是其具有磁能的1/2。实际上永磁体磁能对外做功只使用其具有磁能的32% ~38.8%，最大也只有40%。

2）永磁体磁能对外做功不消耗其自身磁能，在某种意义上说，永磁体磁能不遵守能量守恒。

用 20 块尺寸为 $a_m \times b_m \times h_m = 30mm \times 50mm \times 20mm$ 的钕铁永磁体硼做成的永磁吊，一次吊起距极面 20mm 的 1000kg 钢板，每次用非磁性材料 5kg/m 的功卸下 1000kg 钢板。当永磁体吊运 1500 次之后，测量永磁体的磁感应强度与未吊运钢板前的磁感应强度相同。这个例子说明了永磁体磁能对外做功不消耗其自身磁能。

再举一个例子：经试验，永磁发电机可以节能 10% ~ 20%，节能部分是永磁体磁能对外做功部分，经实测，永磁发电机在运行很长时间之后，测得永磁体磁极的磁感应强度和永磁发电机未运行时是一样的，并未因永磁体磁极对外做功而减少。

第三节 永磁体的种类及其性能

自 1900 年第一块钨钢永磁体诞生之后的近百年里，人们研发出很多种永磁体以满足社会的需求。尤其是 20 世纪 50 年代之后，每隔 3 ~ 5 年都会有新的永磁体问世，并且永磁体的磁综合性能也在不断提高。

1. 永磁体的种类

永磁体发展到现在，基本上可分为六类。

（1）铝镍钴（AlNiCo）、铁铬钴（FeCrCo）类永磁体 这类永磁体有铝镍钴（AlNiCo）、铁铬钴（FeCrCo）、铝镍铁（AlNiFe）、铁铝碳（FeAlC）、锰铝碳（MnAlC）等。

（2）铁氧体类永磁体 铁氧体类永磁体有钡铁氧体（BaO、$6Fe_2O_3$）和锶铁氧体（SrO·$6Fe_2O_3$）等。

（3）铂钴类永磁体 铂钴类永磁体有铂钴（PtCo）、铁铂（FePt）、银锰铝（AgMnAl）等。

（4）稀土钴类永磁体 稀土钴类永磁体有钴 5（RCo_5）和钴 17（R_2Co_{17}）等。

（5）钕铁硼类永磁体 钕铁硼永磁体有钕铁硼（NdFeB）和稀土钕铁硼（RNdFeB）等。

（6）超强永磁体 英国目前已研制成功一种超强永磁体，直径 50mm、厚 10mm，一块超强永磁体可以拉动 10t 汽车，但目前尚未商品化生产。一旦这种超强永磁体商品化生产，势必使发电机电动机等诸多领域发生革命性变化，甚至航母舰载机的电磁弹射的一个极可以用这种超强永磁体代替，从而会节省很多的电能。

2. 永磁体的主要性能

（1）铝镍钴类永磁体的主要性能 铝镍钴类永磁体发明于 1931 年，这种永磁体可以铸造成型，铸态具有良好的磁性。后来又加入钴，使其磁综合性能又有提高，后来发展成铝镍钴类永磁体，在20世纪60年代前得到广泛应用。20世纪60年代之后发明了铁氧体永磁体，由于铁氧体的磁综合性能优于铝镍钴类永磁体且价格便宜，故铝镍钴类永磁体逐渐淡出了市场。

（2）铁氧体类永磁体的主要性能　铁氧体永磁体诞生于20世纪50年，经不断改进和发展得到广泛应用。其材料易取、制造成本低，直到现在依然在很多领域得到广泛应用。

铁氧体的原料为粉末状态，经加压成型再经烧结而成，为脆性材料，不能弯曲、不耐冲击、易碎。

铁氧体的居里点为450℃，比重为4.5～5.2，可逆磁导率$\mu = 1.0 \sim 1.3$，线膨胀系数约为$9 \times 10^{-6}/℃$，电阻率为$10^{-4} \sim 10^{-8}\Omega \cdot cm$。

铁氧体粉末可以掺在塑料中制成磁性塑料，掺在橡胶中可以做成磁性橡胶。对于永磁体磁性能要求不高的场合，铁氧体永磁体得到广泛应用，如各种扬声器、电流表、万用表、磁性围棋、儿童文具盒及提包盖自动关闭、电冰箱门自动关闭的密封，甚至裤带的锁紧机构都用到了铁氧体永磁体。表2-3-2为中国产铁氧体永磁体的主要磁性能。

表2-3-2　中国产铁氧体永磁体主要磁性能

性能项目 数据 牌号	剩磁 B_r		矫顽力 H_{CB}		磁能积 $(BH)_m$	
	T	kGs	kA/m	kOe	kJ/m³	MGsOe
Y10	≥0.2	≥2.0	128～160	1.6～2.0	6.4～9.6	0.8～1.2
Y15	0.28～0.36	2.8～3.6	128～192	1.6～2.4	14.3～17.5	1.8～2.2
Y20	0.32～0.38	3.2～3.8	128～192	1.6～2.4	18.3～21.5	2.3～2.7
Y25	0.35～0.39	3.5～3.9	152～208	1.9～2.6	22.3～25.5	2.8～3.2
Y30	0.38～0.42	3.8～4.2	160～216	2.0～2.7	26.3～29.5	3.3～3.7
Y35	0.4～0.44	4.0～4.4	147～224	2.2～2.8	30.3～33.4	3.8～4.2
Y15H	≥0.31	≥3.1	232～248	2.9～3.1	≥17.5	≥2.2
Y20H	≥0.34	≥3.4	248～264	3.1～3.3	≥21.5	≥2.7
Y25H	0.36～0.39	3.6～3.9	176～216	2.2～2.7	23.9～27.1	3.0～3.4
Y30H	0.38～0.4	3.8～4.0	224～240	2.8～3.0	27.1～30.3	3.4～3.8

（3）铂钴类永磁体的性能　铂钴类永磁体的磁性能优良，具有良好的韧性和延展性，可以轧制成棒材、板材，也可以冷拔成丝，可以冷加工而磁性不变，耐一般火热，不怕振动，具有良好的磁综合性能，但其价格昂贵，主要用于航天、航空的发电机和电动及"黑匣子"及医疗设备等领域。

（4）稀土钴永磁体的主要性能　1967 年，美国研发出第一代钐钴（SmCo）永磁体，也称为第一代稀土钴永磁体，用 R 代表稀土元素，第一代稀土钴永磁体又表示为（RCo_5）。

1983 年，美国通用和日本住友各自独立研制出第二代稀土钴永磁体（R_2Co_{17}）。稀土钴的磁综合性能优异，其剩磁是铁氧体的 2 倍以上，其矫顽力是铁氧体的 2 倍以上，其磁能积是铁氧体的 8 倍以上。

稀土钴永磁体磁综合性能优异，但价格贵。稀土钴原料为粉末，经压实成型再经烧结而成，属脆性材料、易碎，没有韧性和延展性，不能轧制，只能冷加工或线切割加工。

中国在 20 世纪 80 年代后期也研制出稀土钴永磁体，其磁综合性能与美日的稀土钴永磁体相近，见表 2-3-3 及表 2-3-4。

表 2-3-3　中国产稀土钴永磁体磁综合性能

项目 磁性能参数 牌号	剩磁 B_r		矫顽力 H_{CB}		内禀矫顽力 H_{CJ}		磁能积 $(BH)_m$	
	T	kGs	kA/m	kOe	kA/m	kOe	kJ/m³	MGsOe
XG80/36	0.6	6.0	310	4.0	360	4.5	64 ~ 88	8.0 ~ 11.0
XG96/40	0.7	7.0	350	4.5	400	5.0	88 ~ 104	11.0 ~ 13.0
XG112/96	0.73	7.3	520	6.5	900	12.0	104 ~ 120	13.0 ~ 15.0
XG128/120	0.78	7.8	560	7.0	1200	15.0	120 ~ 140	15.0 ~ 17.0
XG144/120	0.84	8.4	600	7.5	1200	15.0	140 ~ 150	17.0 ~ 19.0
XG144/56	0.84	8.4	520	6.5	560	7.0	140 ~ 150	17.0 ~ 19.0
XG160/60	0.88	8.8	640	8.0	1200	15.0	150 ~ 184	19.0 ~ 23.0
XG192/96	0.96	9.6	690	8.7	960	12.0	184 ~ 200	23.0 ~ 25.0
XG192/42	0.96	9.6	400	5.0	420	5.2	184 ~ 200	23.0 ~ 25.0
XG208/44	1.00	10.0	420	5.2	440	5.5	200 ~ 220	25.0 ~ 28.0
XG240/46	1.06	10.6	440	5.5	460	5.7	220 ~ 250	28.0 ~ 31.0

表2-3-4　中国产稀土钴永磁体物理性能

永磁体牌号	平均温度系数 $\Delta B_\delta/B_\delta/\Delta T$ (%℃)	居里点 T_c (℃)	密度 D (g/cm³)	相对回复磁导率 μ (μ_r)	韦氏硬度 (HV)	电阻率 ρ (Ω·cm)	热膨胀系数 α (10⁻⁶/℃)
XG80/36	-0.09	450~500	7.8~8.0	1.10			
XG96/40							
XG112/96	-0.05	700~750	8.0~8.3	1.05~1.10	450~500	5×10⁻⁴	10
XG128/120							
XG144/120							
XG144/56	-0.03	800~850	8.0~8.1	1.0~1.05	500~600	9×10⁻⁴	
XG160/120	-0.05	700~750	8.0~8.3	1.05~1.10	450~500	5×10⁻⁴	
XG192/96			8.1~8.3				10
X192/42	-0.03	800~850	8.3~8.5	1.0~1.05	500~600	9×10⁻⁴	
XG208/44							
XG240/46							

（5）钕铁硼永磁体的性能　1983年，美国通用和日本住友分别独立研制出钕铁硼（NdFeB）永磁体，它是20世纪80年代后研制出来的磁综合性能比稀土钴更好的永磁体，也有人称它为第三代稀土钴永磁体。钕铁硼的剩磁是稀土钴磁体的1.5倍，是铁氧体永磁体的3.5倍；其矫顽力是稀土钴永磁体的1.4倍，是铁氧体永磁体的5倍以上；其磁能积是稀土钴永磁体的1.6倍以上，是铁氧体永磁体的12倍以上。钕铁硼永磁体也具有良好温度系数，密度7.3~7.5g/cm³，硬度HV为500~600，电阻率 $\rho = 140 \sim 160\mu\Omega \cdot cm$。

钕铁硼永磁体磁综合性能比稀土钴永磁体更好，因而广泛地在电机、航天、航空舰船、汽车、高铁、电动汽车、电动自行车、无人机、机器人、家电、医疗器械等方面得到应用。图2-3-7所示为永磁体家族。

表2-3-5为21世纪的前10年中国产钕铁硼永磁体磁性能表。

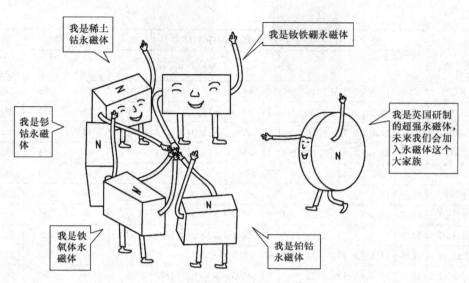

图 2-3-7 永磁体家族

表 2-3-5 21 世纪的前 10 年中国产钕铁硼性能

项目 参数 牌号	剩磁 B_r				矫顽力 H_{CB}		内禀矫顽力 H_{CJ}		磁能积 $(BH)_m$			
	kGs (max)	kGs (min)	T_{max}	T_{min}	kOe	kA/m	kOe	kA/m	MGs·Oe (max)	MGs·Oe (min)	kJ/m³ (max)	kJ/m³ (min)
N35	12.5	11.8	1.25	1.18	≥10.8	≥859	≥12.0	≥955	37	33	295	263
N38	13.0	12.3	1.30	1.23	≥10.8	≥859	≥12.0	≥955	40	36	310	287
N40	13.2	12.6	1.32	1.26	≥10.5	≥836	≥12.0	≥955	42	38	334	289
N42	13.5	13.0	1.35	1.30	≥10.5	≥836	≥12.0	≥955	44	40	350	318
N45	13.8	13.2	1.38	1.32	≥10.5	≥836	≥11.0	≥875	46	42	366	334
N48	14.3	13.7	1.43	1.37	≥10.5	≥836	≥11.0	≥875	49	45	390	358
N50	14.6	14.0	1.46	1.40	≥10.5	≥836	≥11.0	≥875	51	47	406	374
N33M	12.2	11.4	1.22	1.14	≥10.7	≥852	≥14.0	≥1114	35	31	279	247
N35M	12.5	11.8	1.25	1.18	≥11.0	≥876	≥14.0	≥1114	37	33	295	263
N38M	13.0	12.3	1.30	1.23	≥11.5	≥915	≥14.0	≥1114	40	36	318	387
N40M	13.2	12.6	1.32	1.26	≥11.8	≥935	≥14.0	≥1114	42	38	334	289
N42M	13.5	13.0	1.35	1.30	≥12.0	≥955	≥14.0	≥1114	44	40	350	318
N45M	13.8	13.2	1.38	1.32	≥12.2	≥971	≥14.0	≥1114	45	42	366	334
N48M	14.5	13.7	1.45	1.37	≥12.5	≥994	≥14.0	≥1114	49	45	390	358
N30H	11.7	10.9	1.17	1.09	≥10.2	≥812	≥17.0	≥1353	32	28	255	223
N33H	12.2	11.4	1.22	1.14	≥10.7	≥851	≥17.0	≥1353	35	31	279	247

（续）

项目 参数 牌号	剩磁 B_r				矫顽力 H_{CB}		内禀矫顽力 H_{CJ}		磁能积 $(BH)_m$			
	kGs (max)	kGs (min)	T_{max}	T_{min}	kOe	kA/m	kOe	kA/m	MGs·Oe (max)	MGs·Oe (min)	kJ/m³ (max)	kJ/m³ (min)
N35H	12.5	11.8	1.25	1.18	≥11.0	≥875	≥17.0	≥1353	37	33	295	263
N38H	13.0	12.3	1.30	1.23	≥11.5	≥915	≥17.0	≥1353	40	36	318	287
N40H	13.2	12.6	1.32	1.26	≥11.8	≥939	≥16.0	≥1273	42	38	334	302
N44H	13.7	13.0	1.37	1.30	≥12.1	≥963	≥16.0	≥1273	45	41	358	326
N46H	14.0	13.3	1.40	1.33	≥12.5	≥994	≥16.0	≥1273	47	43	374	342
N48H	14.3	13.7	1.43	1.37	≥18.8	≥1018	≥16.0	≥1273	49	45	390	358
N30SH	11.7	10.1	1.17	1.01	≥10.2	≥612	≥20.0	≥1592	32	28	255	223
N33SH	12.2	11.4	1.22	1.14	≥10.7	≥851	≥20.0	≥1592	35	31	278	247
N35SH	12.5	11.8	1.25	1.18	≥11.0	≥876	≥20.0	≥1592	37	33	295	263
N39SH	13.0	12.3	1.30	1.23	≥11.6	≥923	≥20.0	≥1592	37	33	295	263
N42SH	13.5	12.8	1.35	1.28	≥12.0	≥955	≥19.0	≥1512	43	39	342	310
N28UH	11.3	10.5	1.13	1.05	≥9.8	≥780	≥25.0	≥1989	30	26	239	207
N30UH	11.7	10.9	1.17	1.09	≥10.2	≥812	≥25.0	≥1989	32	28	255	223
N33UH	12.2	11.4	1.22	1.14	≥10.7	≥851	≥25.0	≥1989	35	31	279	247
N35UH	12.5	11.8	1.25	1.18	≥11.0	≥875	≥25.0	≥1989	37	33	295	263
N38UH	13.0	12.3	1.30	1.23	≥11.5	≥923	≥25.0	≥1989	40	36	318	287

第四章

永磁体的主要概念和术语

为了更好地认识永磁体和更深入地理解永磁体的特性和磁性能，有必要了解有关永磁体的一些主要的术语和概念。

（1）抗磁质　导磁性很差的物质称作抗磁质，磁通不易通过这类物质，只有少量磁通可以通过，这类物质相对磁导率 $\mu_r < 1$。当抗磁质类物质在很强的外磁场的作用下，物质内的分子或晶粒中围绕原子核或晶粒在空间轨道上运动的电子很少改变它们原来的运动轨道而变成围绕分子中的原子核或晶粒的垂直于磁场的平面轨道上运动，这类物质表现的导磁性很差。当外磁场撤去后，这些改变运动轨道绕原子核和晶粒做平面运动的电子立即恢复到原来的绕原子核和晶粒的空间轨道上去。抗磁质类物质虽然导磁性很差，但不能完全隔磁，即不能完全隔断磁通，到目前为止，世界上还没有发现绝对隔磁或可以将磁体的 N 极和 S 极分开的物质。

抗磁质主要有金、银、铜、铝、锌、硫等物质。

（2）顺磁质　导磁性很好的物质称作顺磁质，也就是磁通通过这类物质时的阻力很小。

顺磁质在很强的均匀外磁场的作用下，物质内围绕原子核和晶粒在空间轨道上运动的电子立即改变原来的空间轨道，变成在垂直于外磁场方向绕原子核和晶粒的平面轨道上运动，这些电子运动所形成的磁场与外磁场方向相同。当外磁场撤去后，这些绕原子核和晶粒垂直于外磁场方向运动的电子立即改变运动轨道回到原来的绕原子核或晶粒的空间轨道上去，顺磁质的磁性消失。这类物质的相对磁导率 $\mu_r > 1$。

顺磁质有锰、铬、铂、低碳钢、硅钢等。

（3）铁磁质　导磁性良好的物质称作铁磁质。在很强的均匀外磁场作用下，铁磁质内原来围绕原子核和晶体的在空间轨道上运动的电子立即改变它们的运动轨道，变成在绕原子核和晶粒与外磁场相垂直的平面轨道上运动，这些绕原子核和晶粒做平面运动的电子环流所形成的磁场方向与外磁场方向相同。当外磁场撤去后，绕原子核和晶体做平面运动的电子逐渐回到原来原来绕原子核和晶粒的空间轨道上，铁磁质的磁性逐渐消失。铁磁质的相对磁导率 $\mu_r > 1$。

铁磁质有铁及其他的合金、镍、钆等。

（4）永磁体 某些铁磁质在很强的均匀外磁场的作用下，其分子和晶粒的电子改变原来绕原子核和晶粒空间轨道上的运动，变成在与外磁场相垂直的绕原子核和晶粒的平面轨道上的运动，这些电子环流的磁场方向与外磁场方向相同，它们是永磁体的磁基元。当外磁场撤去后，仅有少量靠近原子核和晶粒的电子回到原来绕原子核和晶粒的空间轨道上，其余大部分电子依然保持与原来外磁场相垂直的绕原子核和晶粒的平面运动，形成分子和晶粒内的电子环流，这些电子环流所形成的磁场就是永磁体磁场，铁磁质成了永磁体。

永磁体的相对磁导率 $\mu_r > 1$。永磁体是固相的，不是任何物质都可以成为永磁体，永磁体材料基本上都是铁磁质的合金及晶粒。如钡铁氧体（$BaO \cdot 6Fe_2O_3$）、锶铁氧体（$SrO \cdot 6Fe_2O_2$）、铝镍钴（AlNiCo）、铂钴（PtCo）、钕铁硼（NdFeB）等。

（5）剩磁 当永磁体材料被充磁成为永磁体之后，永磁体的磁通密度会降低到某一数值后便不再降低，这时的永磁体磁通密度称作剩余磁通密度，也就是永磁体的剩磁，用符号 B_r 表示，单位为 T 或 Gs，$1T = 10^4 Gs$，它是永磁体磁综合性能中的一个重要参数。

（6）永磁体的矫顽力 永磁体抵抗外磁场对它的去磁能力称作永磁体的矫顽力。或者认为永磁体被外磁场完全去磁，即永磁体剩磁 B_r 减小到零所需的反向磁场强度 H_{CB} 就称作永磁体的矫顽力。永磁体的矫顽力用符号 H_{CB} 表示，单位为 kA/m，$1Oe = 79.5775A/m$。

（7）永磁体的内禀矫顽力 永磁体抵抗外部交变磁场的去磁能力称作永磁体的内禀矫顽力。内禀矫顽力用符号 H_{CJ} 表示，其单位为 kA/m。

（8）永磁体的磁场强度 在永磁体磁场中，与永磁体磁通相垂直的单位面积内所通过的磁通量称作永磁体的磁场强度，用符号 H 表示，单位为 T 或 Gs，$1T = 10^4 Gs$。

（9）永磁体的磁感应强度 在永磁体磁场中任何磁介质垂直于永磁体磁通的单位面积内所通过永磁体的磁通量，用符号 B 来表示，单位为 T 或 Gs。

（10）磁介质的磁导率 磁介质的磁导率表示磁介质通过磁通的能力，用符号 μ 表示。

（11）相对磁导率 相对磁导率是磁介质的磁导率 μ 与真空磁导率 μ_0 的比

$$\mu_r = \frac{\mu}{\mu_0}$$

式中 μ_0——真空磁导率，$\mu_0 = 4\pi \times 10^{-7} H/m$。

相对磁导率是一个无量纲的数。

永磁体的磁场强度与磁感应强度的关系为

$$B = \mu H$$

（12）**永磁体磁场中磁介质的磁通量密度** 永磁体磁场中的任何磁介质垂直于磁通的单位面积所通过的磁通量称作磁通密度，简称磁密，用符号 B 表示，其单位为 T 或 Gs。

（13）**永磁体磁场中磁介质的磁通量** 永磁体磁场中的任何磁介质垂直于磁通的单位面积所通过的磁通量与其通过面积的乘积称作磁介质的磁通量，简称磁通。用符号 Φ 表示，单位为 Wb。

$$\Phi = \int_s B \mathrm{d}S$$

式中 B——永磁体磁场中磁介质的磁感应强度，单位为 T 或 Gs；

S——磁通通过的磁介质的面积，单位为 m^2 或 mm^2。

（14）**永磁体的居里点** 永磁体被加热到一定温度后会完全失去磁性，永磁体失去磁性的温度称作永磁体的居里点。不同材质、不同工艺制成的永磁体其居里点也不同。

（15）**永磁体的温度系数** 永磁体的剩磁 B_r、矫顽力 H_{CB}、内禀矫顽力 H_{CJ} 及磁能积（BH）$_m$ 等参数会随着永磁体温度升高而降低。永磁体在常温以上每升高 1℃，上述性能参数下降的百分比称作永磁体的温度系数。不同材质、不同工艺制成的永磁体，其温度系数也不同。永磁体的温度系数对永磁体的应用十分重要。不同工作温度下使用的永磁体设备应选择适合这种温度的永磁体，以保证其发挥最大的功能及安全可靠地运行。

（16）**永磁体的磁路** 永磁体磁极的磁通所通过的路径称作永磁体的磁路。

（17）**永磁体的磁能积** 传统的永磁体的磁能积是永磁体的磁场强度与其磁感应强度的乘积，用符号 BH 表示，单位为 kJ/m^3。传统的永磁体磁能是永磁体体积的函数，作者自 1973 年开始对永磁体和永磁发电机及永磁电动机进行研究，至今已 40 余年，认为永磁体的磁能不是永磁体体积的函数，在一定尺寸范围内是永磁体矩形磁极极面的短边长与两极面之间距离的函数。

（18）**永磁体的磁能** 永磁体的磁能是永磁体体外空间所储存的磁能。永磁体对外做功不消耗其自身磁能，从某种意义上说，永磁体磁能不遵守能量守恒定律。

（19）**永磁体的趋肤效应** 这是永磁体的磁力在永磁体磁面上周边的磁力比极面中心的磁力大的一种的特性，这与电流的趋肤效应是相近的。

（20）**永磁体的聚磁效应** 当永磁体两个极面不等时，极面小的磁感应强度比极面大的极面的磁感应强度大，永磁体磁极的这种现象叫作聚磁效应。

（21）**气隙** 气隙是永磁体磁极与磁导体或另一个永磁体磁极之间的距离，这个距离是在空气中的，常用符号 δ 表示，单位为 m 或 mm。

（22）**气隙磁密** 气隙磁密是指永磁体磁极的磁通通过气隙的磁通密度，简称气隙磁密，用符号 B_δ 表示，单位为 T 或 Gs。

第三篇

图解永磁电机
基础知识入门

　　永磁电机采用永磁体磁极做电机的磁极，既无须励磁线圈也无须励磁电流，效率高且结构简单，是很好的节能电机，随着高性能永磁材料的问世和控制技术的迅速发展，永磁电机的应用将会变得更为广泛。

　　与传统的电励磁电机相比，永磁电机，特别是稀土永磁电机具有结构简单、运行可靠、体积小、质量轻、损耗小、效率高、功率因数高、噪声小、温升低、节能，电机的形状和尺寸灵活多样等优点，因而应用范围极为广泛，几乎遍及航空航天、国防、工农业生产和日常生活的各个领域。

第一章

绪　　论

第一节　永磁电机发展的历史及其应用

世界上第一台发电机的磁极就是天然磁石，由于天然磁石的磁感应强度不高，所以发电机的体积很大且效率不高，后来被电励磁取代。自 1900 年人造钨钢永磁体诞生以来，永磁发电机的研发不断取得成果，由于人造永磁体的磁感应强度还不够高，因此永磁发电机的功率还不够大。

在 20 世纪 30、40 年代，战争中用手摇永磁发电机为战地收发报机提供电力，收发报机电子管的直流电是由硒堆整流供给的。到 20 世纪 40、50 年代，电话的振铃用手摇永磁发电机供电，到 20 世纪 50、60 年代，开始用永磁发电机装在自行车后轮通过轮胎的摩擦带动发电为自行车提供夜间照明。在这个时期也发明了磁电机为摩托车点火线圈提供电力。在 20 世纪 70 年代之后，随着人造永磁体磁综合性能的不断提高，也发明了永磁电动机，用在卫星太阳电池板的调整上。

20 世纪 80 年代之后，永磁直流电动机被广泛地应用在航天、航空、舰船、家电等诸多领域。永磁发电机也得到了发展，不同功率的永磁发电机成功地用在风电机组中。

进入 21 世纪后，随着永磁体磁综合性能的提高，永磁电动机已经广泛地应用在航天、航空、电动汽车、无人机、机器、医疗器械、家电等诸多领域，甚至潜艇的驱动也用上了永磁电动机，功率达到数十兆瓦；同时永磁发电机也发展很快，如用在大型直驱式风电机组的多极永磁发电机的功率也达到了 8MW。

永磁电机之所以发展很快，被广泛应用，就在于永磁体磁极对外做功不消耗其自身磁能，从某种意义上说，永磁体磁能不遵守能量守恒。利用永磁体磁能这一特性，适用各种用途、适合各种环境条件的永磁电机应运而生。可以说，现代永磁电机无处不在。永磁电机发展之快，还在于永磁电机体积小、重量轻、节省材料、温升低、噪声小、效率高、节能 10% ~ 20%、运行可靠、寿命长、便于管理、维护容易。

第二节　永磁电机的未来

永磁电机用途广泛，品种规格不胜枚举。永磁电动机大功率的达到数十兆瓦，可以驱动潜艇；小的永磁电动机直径不到 5mm，功率只有零点几瓦。用在直驱式风电机组的多极永磁发电机功率达到了 8MW。

但目前，永磁电机尚不能完全取代电励磁电机，主要原因是如今的永磁体的磁感强度还仅仅是 0.5T 左右，尚达不到 0.6T、0.7T，更达不到 0.8T、0.9T。随着科学技术的发展，当磁综合性更好的永磁体的磁感应强度达到 0.6T、0.7T，甚至达到 0.8T、0.9T 时，就是永磁电机取代电励磁电机之日。这是科学技术发展的必然，犹如内燃机取代蒸汽机一样不可逆转，故未来永磁电机前景广阔。

第三节　开发永磁电机的意义

永磁电机可以节能 10% ~ 20%，这是一个十分不得了的数字，对于中国这样拥有 14 亿人口、国民经济高速发展的发展中国家的节能减排可持续发展意义重大。

现以永磁发电机和永磁电动机节能 10% ~ 20% 来说明对中国节能减排可持续发展的意义。中国国民经济高速发展，必须有强大的电力支持。到 2020 年，预计中国电力装机容量将达到 10 亿 kW。按永磁发电机取代电励磁发电机节能 10% ~ 20% 计算，每年可节省 1 亿 ~ 2 亿 kW 的装机容量，这相当于 5 ~ 10 个三峡水电站的装机容量。按年 8760h 的 80%，即 7000h 发电计算，可节电 7000 ~ 14000kWh；相当于年发电量 23.245 亿 kWh 的火电厂 300 ~ 600 个。按 2002 年中国电结构耗煤 288g/kWh 计算，可节煤 2.016 亿 ~ 4.032 亿吨，可以少排 1.15 亿 ~ 2.3 亿吨的 CO_2 和 0.03 亿 ~ 0.06 亿吨的 SO_2。

到 2020 年，预计中国电力装机容量可达 10 亿 kW，按全国电动机 40% 耗电量计算，需装机容量 4 亿 kW，按 10% ~ 20% 节电，可节省 0.4 亿 ~ 0.8 亿 kW 的装机容量，相当于 2 ~ 4 个三峡水电站的装机容量。按电动机年工作时间 2800h，占全年 8760h 的 32% 计算，可以节电 980 亿 ~ 1960 亿 kWh，相当于年发电量 23.245 亿 kWh 的火电厂 42 ~ 84 个。按 2002 年中国电结构耗煤 288g/kWh 计算，可节煤 0.38 亿 ~ 0.76 亿吨，可以少排 0.217 亿 ~ 0.434 亿吨的 CO_2 和少排 57 万 ~ 114 万吨的 SO_2。

　　如果用永磁电机取代电励磁电机，则至少可以少装机 1.4 亿~2.8 亿 kW 的容量，可以节省 2.396 亿~4.782 亿吨煤，相当于年发电量 23.245 亿 kWh 的火电厂 342~684 个，可以少排 1.367 亿~2.734 亿吨的 CO_2 和少排 357 万~714 万吨的 SO_2。

　　用永磁电机取代电励磁电机对于中国节能减排可持续发展的意义重大。

第二章

永磁发电机

用永磁体磁极做发电机的定子磁极或转子磁极的发电机就是永磁发电机。永磁发电机是将机械能转换成电能的装置。由于永磁体对外做功不消耗其自身磁能，所以永磁发电机与同容量电励磁发电机相比体积更小，重量减轻 40% ~ 60%，温升降低 10℃ 以上，噪声减小 2 ~ 8dB，效率提高 2% ~ 8%，功率因数达 0.9 以上，节能 10% ~ 20%，且结构简单、寿命长、易于管理、便于维护。

永磁发电机的另一个特点是可以做到多极低转速，特别适合风力发电机组用发电机；永磁发电机在汽车、拖拉机、挖掘机、铲运机、推土机、风电机组、小水电等众多领域得到广泛应用。

第一节　永磁发电机结构

永磁发电机分为永磁直流发电机和永磁交流发电机。永磁交流发电机又分为爪极式永磁交流发电机和永磁交流同步发电机；永磁交流同步发电机又有内转子和外转子之分。

1. 永磁直流发电机

永磁直流发电机结构如图 3-2-1 所示，它的定子磁极是永磁体磁极，转子是由冲有转子槽的硅钢片铁心及嵌入转子槽的转子绕组和机械换向器组成的，定子磁极安装在机壳上，机壳是定子永磁体磁极磁通的磁路。

当外转矩驱动永磁直流发电机转子转动时，定子永磁体磁极的磁通切割转子绕组，转子绕组中产生交变电流，这个交变电流经机械换向器将电流变换到同一方向，电流波形如图 3-2-2 所示，这就是永磁直流发电机。由于永磁直流发电机有机械换向器，因此电刷和换向铜头之间会产生火花，对周围电器有影响，而且电刷与铜头之间的磨损会使电刷磨损下来的碳粉造成换向铜头之间短路，所以永磁直流发电机已不多用。当需要直流电时可将交流电经整流变成直流电更为方便。

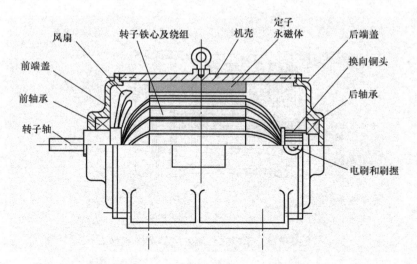

图 3-2-1 永磁直流发电机结构示意图

2. 爪极式永磁发电机

爪极式永磁发电机多为 100～1200W 的微小功率,多用于汽车、拖拉机、挖掘机、推土机等设备在运行中发电,给蓄电池充电,为这些设备的仪表、照明或火花塞点火等提供电力。爪极式永磁发电机是交流发电机,当给蓄电池充电时应进行整流,将交流电变成直流电。

爪极式永磁发电机的转子磁极是一个轴向充磁的管状永磁体,管状永磁体通过非磁性材料固定在转子轴上。永磁体的两个极分别固定在磁导率很好的冲有爪极的法兰上,爪极在转子圆周上形成 N－S－N－S……相间的磁极,如图 3-2-3 所示。爪

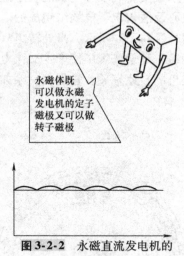

图 3-2-2 永磁直流发电机的直流电波形

极式永磁发电机的定子由安装在机壳内的冲有定子槽的硅钢片铁心及在定子槽内嵌入定子绕组等组成。

当永磁体磁极面积与爪极累计极面积相等时,爪极的气隙磁密与永磁体磁极的磁感应强度相等。当爪极的累计极面积大于永磁体磁面积时,爪极的气隙磁密小于永磁体磁极的磁感应强度。

当外转矩驱动转子转动时,转子永磁体磁极的磁通切割定子绕组,定子绕组中产生电流。爪极式永磁发电机属于永磁交流同步发电机。

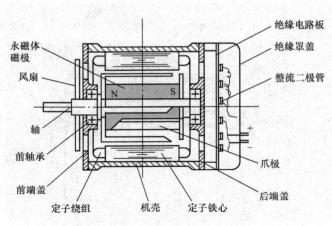

图 3-2-3　爪极式永磁发电机结构示意图

3. 永磁交流同步发电机

　　永磁交流同步发电机的转子磁极是永磁体磁极，定子是由冲有定子槽的硅钢片铁心及嵌入定子槽绕组组成的。永磁交流同步发电机有内转子和外转子之分，如图3-2-4a和 b 所示。当外转矩驱动转子转动时，转子永磁体磁极的磁通切割定子绕组，定子绕组中便产生交流电。交流电的频率与转子的极数和永磁交流同步发电机的转速有关，它们的关系如下：

$$f = \frac{pn_{\mathrm{N}}}{60}$$

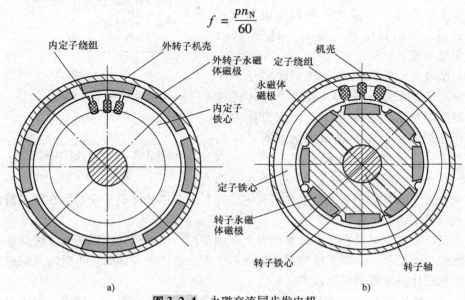

图 3-2-4　永磁交流同步发电机

a）外转子式　b）内转子式

108

式中　f——永磁交流同步发电机电流交变的频率，单位为 Hz，是发电机电流每秒的变化频率；

　　　p——永磁交流同步发电机的极对数，N 和 S 为两个极，即一对极，也称一个极对；

　　　n_N——永磁交流同步发电机的额定转数，单位为 r/min。

永磁交流发电机是永磁交流同步发电机。所谓同步，就是转子永磁体磁极 N 极切割定子绕组产生的电流所形成的磁极为 S 极，转子的 N 极吸引定子的 S 极旋转。同理，转子 S 磁极切割定子绕组产生的电流所形成的磁极为 N 极，转子的 S 极吸引定子的 N 极旋转，这种定子绕组电流随转子磁极同步变化的永磁发电机就是永磁同步发电机。

永磁交流同步发电机在额定工况下输出额定功率，转子永磁体磁极的气隙磁密 B_δ 与定子绕组电流产生的磁极的气隙磁密 B_m 相等，即 $B_\delta = B_m$。

当外负载增大时，转子永磁体磁极的气隙磁密是不变的，而定子绕组电流所形成的磁极的气隙磁密随着外负载的增大而增大，即 $B_m > B_\delta$。此时，转子永磁体磁极的磁通与定子绕组电流所形成磁场的磁通之间形成一定角度，这个角度称作功角，如图 3-2-5 所示。当外负载继续增大时，转子永磁体磁极拉不住定子绕组电流所形成的磁极，这种情况称作失步，转子停止转动。

图 3-2-6 所示为永磁交流同步发电机的输出功率与转速之间的关系曲线，当外负载增加时，发电机转速略有下降，永磁交流同步发电机的这种特性称作永磁交流同步发电机的外特性，永磁交流发电机的外特性很硬。

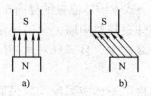

图 3-2-5　永磁交流同步发电机的功角

a）额定功率转子永磁体磁吸引定子绕组电流所形成的磁极　b）当负载增大时，转子永磁体磁极与定子绕组电流所形成的磁极会形成一个角度；当负载再增大时，转子永磁体磁拉不住定子绕组电流所形成的磁极转子停止转动，叫作失步

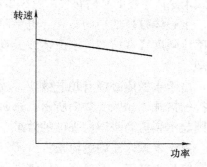

图 3-2-6　永磁交流同步发电机的功率与转速曲线

4. 永磁盘式交流发电机

永磁盘式交流发电机的转子磁极是永磁体磁极，永磁体磁极轴向布置，充分利用了永磁体的两个磁极，是永磁体磁极最合理、最科学、成本较低的利用形式。

永磁盘式交流发电机属于永磁交流同步发电机,适用于轴向空间狭窄的地方。永磁盘式交流发电机中的永磁体磁极呈扇形,永磁体磁极在模具中用环氧树脂玻璃纤维或酚醛树脂玻璃纤维增强塑料固定在转子轴上。永磁盘式交流发电机的定子绕组呈扇形也是用环氧树脂玻璃纤维或酚醛树脂玻璃纤维增强塑料在模具中固定成型,再安装在机壳内或端盖上的,小功率的定子绕组也有采用印制电路板的。

永磁盘式交流发电机可以是单转子单定子,可以是双定子单转子,也可以是三定子双转子等结构。永磁盘式交流发电机无铁心,转子的转动惯量小,起动方便,停机快。永磁盘式交流发电机如第二篇图 2-2-8 所示。

第二节　永磁发电机中永磁体磁极的布置

永磁发电机中永磁体磁极的布置主要有三种形式,分别是径向布置、切向布置、混合布置。由于永磁体充磁电流很大,不可能做出很长的永磁体,而永磁发电机往往又需要很长的永磁体,这样,就需要对永磁体进行轴向拼接。永磁体磁极有趋肤效应,即磁极面积越大,磁极边缘的磁感应强度越高,而极面中心的磁感应强度越低,为了使极面的磁感应强度均匀,可以采取径向拼接的措施。

1. 永磁发电机中的永磁体磁极的径向布置

图 3-2-4 所示为永磁体磁极的径向布置,图 3-2-4a 所示为永磁发电机中外转子式永磁体磁极的径向布置,图 3-2-4b 所示为内转子式永磁体磁极的径向布置。

永磁体磁极的径向布置,也称面极式,是永磁体磁极的串联,永磁体磁极的磁感应强度略有增加。永磁体磁极直接面对气隙,漏磁少,且容易对永磁体实施冷却。

由于永磁体磁极有趋肤效应,故为了使永磁体磁面磁感应强度均匀采取径向拼接的措施,如图 3-2-7 所示。永磁体磁极径向拼接时,永磁体不能彼此接触,否则起不到提高磁感应强度的效果。

由于永磁体充磁电流很大,所以不可能把永磁体做的很长,但永磁发电机往往需要长永磁体,需要将永磁体进行轴向拼接,如图 3-2-8 所示。永磁体轴向拼接后,其磁感应强度略有增加。

2. 永磁发电机中永磁体磁极的切向布置

永磁发电机中永磁体磁极的切向布置,也称隐极式,如图 3-2-9 所示,是永磁体磁极的并联。永磁体磁极并联是两个同性磁极共同贡献给一个磁导率很好的磁极,在有非磁性材料有效隔磁并且公共磁极面积与永磁体极面积相等的情况下,公共磁极的磁感应强度是单个永磁体磁面的磁感应强度的 1.25 ~ 1.42 倍,不会达到2倍。在没有非磁性材料有效隔磁时,公共磁极极面上的磁感应强度与单个永磁体磁面的磁感应强度差不多相等。

永磁体磁极的切向布置时将永磁体埋在铁心中,不易对永磁体磁极进行冷却。永磁体磁极切向布置需有安装工具,安装时应注意安全,以免永磁体飞出伤人。

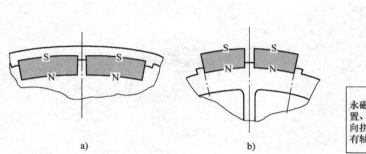

永磁体磁极有径向布置、切向布置、混合布置,径向布置还有径向拼接、轴向拼接,切向布置也有轴向拼接

a)   b)

图3-2-7 永磁发电机中永磁体磁极的径向拼接

a) 外转子式永磁体磁极的径向拼接 b) 内转子式永磁体磁极的径向拼接

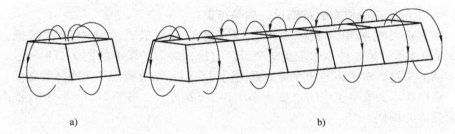

a)   b)

图3-2-8 永磁体磁极的轴向拼接

a) 一块永磁体磁极 b) 几块永磁体磁极轴向拼接

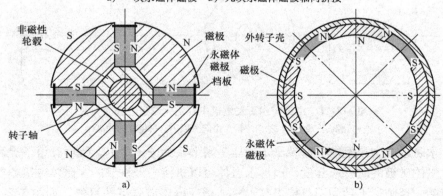

a)   b)

图3-2-9 永磁发电机中的永磁体磁极的切向布置

a) 内转子式 b) 外转子式

3. 永磁体的混合布置

为了提高永磁体磁极的磁感应强度，有的永磁发电机制造商将转子永磁体磁极混合布置，如图3-2-10所示。这种混合布置永磁体埋在铁心中，不易对永磁体进行有效的冷却，同时必须有专用安装工具，安装应注意安全，以免永磁体飞出伤人。

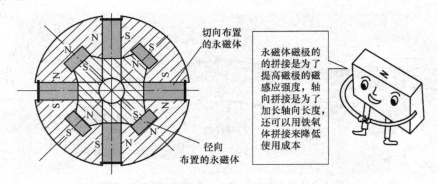

图 3-2-10　永磁发电机中的永磁体磁极的混合布置

4. 永磁发电机中永磁体磁极的轴向布置

在永磁发电机中永磁体磁极轴向布置的有爪极式永磁交流发电机，如图3-2-3所示。另一种是永磁盘式交流发电机，如第二篇中的图2-2-8所示。永磁体轴向布置，永磁体的两个极面得到同时利用，充分利用了永磁体的磁能。

爪极式永磁发电机中的永磁体如图3-2-11所示，图3-2-11b所示为轴向布置永磁体的拼接。

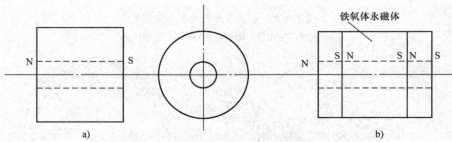

图 3-2-11　爪极式永磁发电机中永磁体磁极的轴向布置
a）轴向布置　b）轴向拼接，中间可以用价格便宜的铁氧体

永磁盘式交流发电机的转子永磁体呈扇形，如图3-2-12a所示。为了提高扇形永磁体磁极的磁感应强度，扇形永磁体可以拼接，但拼接的永磁体磁极不能彼此接触，否则达不到利用拼接提高永磁体磁极磁感应强度的目的，如图3-2-12b所示。

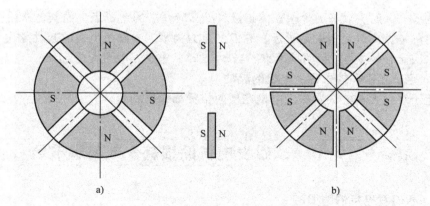

图 3-2-12　永磁盘式交流发电机中永磁体磁极的轴向布置
a）永磁体磁极轴向布置　b）对扇形永磁体磁极进行拼接

第三节　永磁发电机的起动

　　永磁发电机的起动与其定子槽数相关，当定子无铁心时，可以在任一位置起动，当定子有铁心时，永磁发电机不是任意定子槽数都可以起动。

1. 对于有铁心的永磁发电机，每极每相槽数必须是分数

　　永磁发电机的转子永磁体磁极是整数，且不可能为奇数，都是以 2 的倍数出现的。如果定子铁心的槽数为整数，则转子永磁体磁极会一一对应地吸住定子齿。当转子两端安装轴承之后，当转子永磁体磁极未吸引其应该对应的定子齿时，转子永磁体磁极会拉动转子转动，直到转子永磁体磁极吸引其应对应的定子齿为止。当定子槽数为转子永磁体磁极的整数倍时，永磁发电机无法起动。因此为了使有定子铁心的永磁发电机顺利起动，定子每极每相槽数必须是分数。

　　定子每极每相槽数必须为分数，表示为

$$q = \frac{z}{2pm} = b + \frac{c}{d}$$

式中　q——每极每相槽数；

　　　z——定子槽数；

　　　p——极对数；

　　　m——永磁发电机的相数；

　　　b——每极每相槽数为分数的整数部分；

　　　$\dfrac{c}{d}$——每极每相槽数的分数部分。

当 $d = 2p$ 时，就有 c 个永磁体磁极对准其应对准的定子齿，而其他永磁体磁极都对称地偏离其对应的定子齿，它们的合力为零。永磁发电机的起动就由 c 的数量来决定，c 越大，起动越困难。当 $c = d$ 时，永磁发电机无法起动。

2. 定子无铁心的永磁发电机的起动

定子绕组无铁心的永磁发电机在任何位置都能顺利起动。

第四节　永磁发电机的损耗、效率和节能

1. 永磁发电机的铜损耗

永磁发电机的铜损耗是发电机在输出功率时，由于定子绕组存在电阻，故在有电流时会产生热而消耗功率。永磁发电机的铜损耗是定子绕组的电阻 R 与通过绕组的电流二次方的积，单位为 W 或 kW，表达为

$$P_{Cu} = I^2 R$$

式中　I——电流，单位为 A；

　　　P_{Cu}——铜损，单位为 W 或 kW。

铜损耗是永磁发电机中的主要损耗，约占永磁发电机全部损耗的 90% 以上。

2. 永磁发电机的铁损耗

永磁交流发电机的铁损耗包括在铁心中的涡流损耗及在铁心中的磁滞损耗等。

在永磁交流发电机中，定子绕组中的交变电流会在铁心中产生交变磁场，交变磁场会产生交变电流，这个电流称作涡流，由涡流形成的损耗称作涡流损耗。涡流损耗与交变电流的频率有关，频率越高损耗越大，涡流损耗以 W 或 kW 计。

在永磁交流发电机中，由于定子绕组有交变电流，它引起铁心中有交变磁场的变化，这个交变磁场形成的损耗称作磁滞损耗。磁滞损耗与磁通密度和交流电的频率有关。交流电的频率越高磁通密度越大，则铁损耗越大。铁损耗用 P_{Fe} 表示，单位为 W 或 kW。

3. 永磁发电机的机械损耗

永磁发电机的机械损耗包括轴承的摩擦损耗和风阻损耗，用符号 P_{fw} 表示，单位为 W 或 kW。

4. 永磁发电机的冷却损耗

永磁发电机的冷却损耗包括自行风冷或外置冷却风机所消耗的功率，用 P_L 表示，单位为 W 或 kW。

永磁交流发电机与同容量的电励磁交流发电机损耗和效率的比较如图 3-2-13 和图 3-2-14 所示。

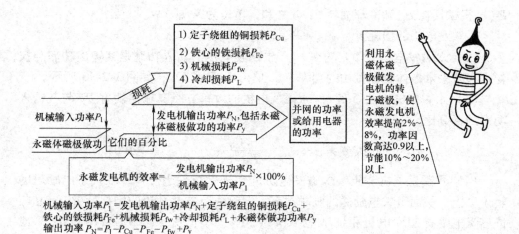

图 3-2-13　永磁交流发电机的损耗和效率

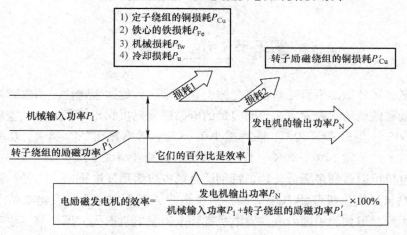

电励磁交流发电机实际输入功率=机械输入功P_1+转子绕组的励磁功率P'_1
=发电机的输出功率P_N+定子绕组的铜损耗P_{Cu}+铁心的铁损耗P_{Fe}+机械损耗P_{fw}+
冷却损耗P_L+转子励磁绕组的铜损耗P'_{Cu}

图 3-2-14　电励磁发电机的损耗和效率

（1）节能　永磁交流发电机节能 $P = P'_1 + P'_{Cu}$，占永磁发电机输入功率的

$\dfrac{P'_1 + P'_{Cu}}{P_1} > 10\% \sim 20\%$，即节能 $10\% \sim 20\%$。

（2）提高效率　永磁发电机比同容量电励磁发电机效率提高 = 电励磁发电机效率 - 永磁发电机效率 ≥2% ~8%。

5. 永磁发电机的损耗、输入功率、效率和节能

（1）永磁发电机的损耗　永磁发电机的损耗是包括其铜损耗 P_{Cu}、铁损耗

P_{Fe}、机械损耗 P_{fw} 和冷却损耗 P_L 等之和，单位为 W 或 kW。

永磁发电机的损耗 $P_s = P_{Cu} + P_{Fe} + P_{fw} + P_L$。

（2）永磁发电机的输入功率 P_1　永磁发电机的输入功率是其输出功率与损耗之和减去永磁体磁极做功的功率 P_y，单位为 W 或 kW，如图 3-2-13 所示。

（3）永磁发电机的效率 η　永磁发电机的效率 η 是其输出功率 P_N 与其输入功率的百分比。

$$\eta = \frac{P_N}{P_1} \times 100\% = \frac{P_N}{P_N + P_{Cu} + P_{Fe} + P_{fw} + P_L - P_y} \times 100\%$$

（4）永磁发电机节能　永磁发电机的转子磁极是永磁体，取代了电励磁的转子磁极，从而节省电励磁的励磁功率，同时也节省电励磁的铜损耗 P'_{Cu}，在与同容量电励磁的发电机相比节能 10% ~ 20%。节能为 $P'_1 + P'_{Cu}$，单位为 W 或 kW，如图 3-2-14 所示。

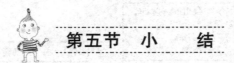

第五节　小　结

永磁体磁极对外做功不消耗其自身磁体，利用永磁体的这个特性，用永磁体磁极取代电励磁磁极的永磁发电机与同容量的电励磁发电机相比体积更小，重量减轻 40% ~ 60%，温升降低 10℃，噪声减小 2 ~ 8dB，效率提高 2% ~ 8%，功率因数达 0.9 以上，节能 10% ~ 20%，且易于管理、寿命长、便于维护。

永磁发电机可以做到多极低转速，特别适合风电机组用发电机。

不能小觑永磁发电机节能 10% ~ 20% 这个数字，对于一台永磁发电机的节能效果无关大局，但如果中国所有的发电机都用永磁发电机取代，那么节能数字将是十分令人震惊的。

中国是发展中大国，拥有 14 亿人口之众，国民经济每年都以快速发展着，每年都需要增加大量的电力以支持国民经济的发展。到 2020 年，预计中国总电力装机容量将达到 10 亿 kW。如果用永磁发电机取代电励磁发电机可以节能 10% ~ 20% 计算，则可以节省 1 亿 ~ 2 亿 kW 的装机容量，这相当于 5.6 ~ 11 个三峡水电站的装机容量。按年 8760h 的 70% 发电、发电量为 6132 亿 ~ 12264 亿 kWh，相当于年发电量 23.245 亿 kWh 的火电厂 260 ~ 528 个的年发电量。按煤电结构耗煤 283g/kWh 计算，可以节省标煤 1.735 亿 ~ 3.47 亿吨，可以少排 0.99 亿 ~ 1.98 亿吨的 CO_2 和可以少排 0.026 亿 ~ 0.052 亿吨的 SO_2。

这是多么惊人的数字！这对于中国可持续发展、节能减排、造福子孙意义重大。

第三章

永磁靴式直流电动机

永磁靴式直流电动机是将电能转换成机械能的装置。

永磁靴式直流电动机分为有刷和无刷两种，而无刷永磁靴式直流电动机又分为有位置传感器和无位置传感器两类，也有内转子和外转子之分。

永磁有刷靴式直流电动机的定子磁极是永磁体磁极，转子由三个或四个或更多个极靴下的极身缠有绕组的极靴和机械换向器等组成，如图3-3-1所示。永磁无刷靴式直流电动机的转子磁极是永磁体磁极，定子由三个或四个或更多个极靴及在极靴的极身上缠有绕组和位置传感器等组成，如图3-3-2所示。电流变换由电子换向器或逆变器完成。

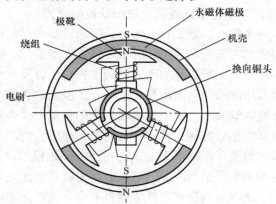

图3-3-1 永磁有刷靴式直流电动机结构示意图

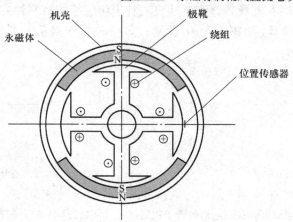

图3-3-2 永磁无刷靴式直流电动机结构示意图

永磁有刷靴式直流电动机的定子永磁体磁极与转子绕组所形成的磁极相互作用使转子转动，从而将直流电能转换成机械能。永磁无刷靴式直流电动机的定子极靴形成的磁极与转子永磁体磁极相互作用使转子转动，从而将直流电能转换成机械能。

永磁靴式直流电动机体积小、重量轻、温升低、噪声小、结构简单、管理容易、维护方便、运行可靠、寿命长、节能 10% ~ 20%、效率高，常用在航天、航空、舰船、汽车、电动汽车、工业自动控制、家电、玩具等诸多领域。

第一节　永磁有刷靴式直流电动机的结构、起动、换向及反转

1. 永磁有刷靴式直流电动机的结构

永磁有刷靴式直流电动机的定子是由导磁性良好的由低碳钢拉制成的机壳及在机壳内壁镶嵌或粘贴的永磁体磁极组成的。转子由导磁性良好的硅钢片或低碳钢片冲成磁靴形叠加而成的转子铁心，以及在极靴的极身上缠有转子绕组、转子轴和用绝缘塑料固定在转子轴上的换向铜头等组成。电刷在刷握中用压力弹簧压在换向铜头上，刷握固定在机壳的支架上。微型永磁有刷靴式直流电动机的电刷用弹性很好的铜片直接与换向铜头接触，两端的轴承支撑着转子，端盖支撑着轴承，端盖固定在机壳上，机壳是定子磁极的磁路通道，也起到对外隔磁的作用。图 3-3-1 所示为两极三靴永磁有刷靴式直流电动机结构示意图。

永磁有刷靴式直流电动机的定子磁极是永磁体磁极，通常为径向布置，是永磁体磁极串联，磁极表面直接面对气隙，漏磁少且易于对永磁体进行冷却。

两极三靴永磁有刷靴式直流电动机的转子绕组接线有两种方法，其一是三角形联结，如图 3-3-3a 和图 3-3-4a 所示；另一种接法是星形联结，如图 3-3-3b 和图 3-3-4b 所示。

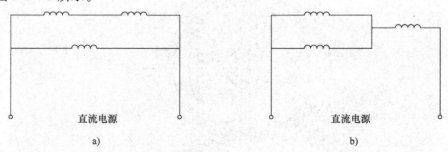

图 3-3-3　永磁有刷直流电动机转子绕组接线（两极三靴永磁有刷直流电动机）
a) 转子绕组三角形联结　b) 转子绕组星形联结

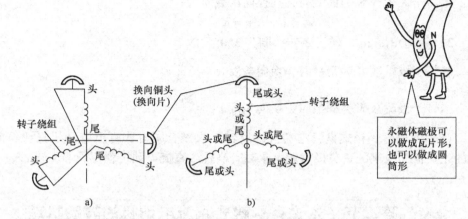

图 3-3-4 永磁有刷直流电动机转子绕组接线（两极三靴永磁有刷直流电动机）
　　a）两极三靴永磁有刷直流电动机转子绕组与换向铜头的三角形联结
　b）两极三靴永磁有刷直流电动机转子绕组与换向铜头的星形联结，三个转子
绕组的头或尾接在一起，而余下的尾或头接在换向器的铜头上

　　三角形联结的特点是通过换向器将绕组接成如图 3-3-3a 的形式，两个绕组串联后再与另一个绕组并联。由于三个绕组的线径、匝数相等，电阻也相等，所以两个串联绕组的电流是另一个并联支路绕组的一半。星形联结的特点是通过换向器将三个绕组中的两个绕组并联后再与另一个绕组串联，如图 3-3-3b 所示。由于三个绕组的线径、匝数相等，所以电阻相等，故两个并联绕组的电流是串联绕组的一半。

　　2. 永磁靴式直流电动机的起动

　　永磁体磁极有一个特殊性质，就是永磁体磁极会自动寻找磁路最短、阻力最小的磁导体通过其磁通，两极三靴永磁有刷靴式直流电动机的三个极靴只有一个极靴会完全被永磁体磁极所吸引，对于极数为偶数的，极靴数要比永磁体磁极数少或多两个，如转子极靴为 14 个、定子磁极为 12 个，其中只有两个永磁体磁吸引两个极靴，其余磁极都偏离其他极靴，它们的合力在极靴的圆周上为零，这样永磁有刷靴式直流电动机才能顺利起动，否则起动困难，甚至无法起动。

　　3. 永磁有刷靴式直流电动机电流的换向和反转

　　（1）永磁有刷靴式直流电动机的换向。

　　1）永磁有刷靴式直流电动机换向铜头的位置分别位于两个极靴的中心线上。两极三靴换向铜头互成 120°，两极四靴的互成 90°……

　　2）永磁有刷靴式直流电动机换向次数和换向角度。

　　当转子极靴数 K 为奇数时，永磁有刷靴式直流电动机换向次数 n 为

$$n = 2K$$

当转子极靴数 K 为偶数时，其换向次数 n 为

$$n = K$$

3）换向角度 α_K。转子每转一圈为 $360°$，故

当转子极靴数 K 为奇数时，换向角度 $\alpha_K = \dfrac{360°}{2K}$

当转子极靴数 K 为偶数时，换向角度 $\alpha_K = \dfrac{360°}{K}$

（2）永磁有刷靴式直流电动机的反转 永磁有刷靴式直流电动机只要将电源的正负极与电刷的正负极对调，永磁有刷靴式直流电动机就实现了反转。

第二节 永磁有刷靴式直流电动机的转动机理

永磁有刷靴式直流电动机在机械换向器中对电流进行换向，使得定子永磁体磁极与极靴磁极或相互吸引或相互排斥使转子转动，将直流电能转换成机械能。

现以两极三靴永磁有刷直流电动机为例来说明其转动机理，如图 3-3-5 所示，转子绕组为三角形联结。

1）如图 3-3-5a 所示，当转子极靴 1 的中心线 Oa 和转子极靴 3 的中心线 Oc 在定子永磁体中心线 AOB 的左边时，转子极靴 1 的绕组和极靴 3 串联并与转子极靴 2 一同并联在直流电源上，如图 3-3-5a2 所示。由于转子的三个绕组线径相同、匝数相等、电阻相同，所以极靴 1 和极靴 3 绕组的电流相等并且是极靴 2 绕组电流的一半。此时转子极靴 1 为 S 极，与定子永磁体 N 极相吸引，其合力 P_1 使转子顺时针转动，同时，转子极靴 3 为 S 极，与定子永磁体 S 相排斥，其合力 P_3 使转子顺时针转动，如图 3-3-5a1 所示。

此时，转子极靴 2 的中心线 Ob 在定子永磁体磁极中心线 AOB 的右边，转子极靴 2 为 N 极，且不在定子永磁体磁极的气隙之内，没有为转子转动做功，如图 3-3-5a1 所示。

2）当转子转到极靴 1 的中心线 Oa 与定子永磁体磁极的中心线 AOB 重合时，换向器对电流换向。换向后，转子极靴 1 的中心线 Oa 和转子极靴 2 的中心线 Ob 在定子永磁体磁极中心线 AOB 的右边，如图 3-3-5b 所示。转子极靴 1 的绕组和极靴 2 串联并与转子极靴 3 一同并联在直流电源上，如图 3-3-5b2 所示。由于转子的三个绕组线径相同、匝数相同、电阻相等，所以极靴 1 和极靴 2 绕组的电流相等并且是极靴 3 绕组电流的一半。此时转子极靴 1 为 N 极，与定子永磁体磁极 N 相排斥，其合力 P_1 使转子顺时针转动，同时，转子极靴 2 为 N 极，与定子永磁体磁极 S 相吸引，其合力 P_2 使转子顺时针转动，如图 3-3-5b1 所示。

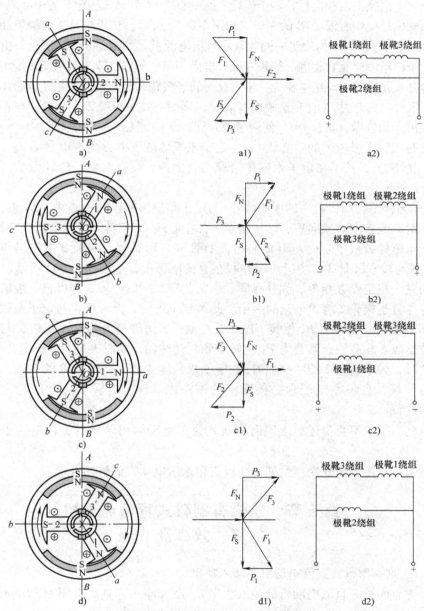

图 3-3-5 永磁有刷靴式直流电动机转动机理

此时，转子极靴 3 的中心线 Oc 在定子永磁体磁极中心线 AOB 的左边，转子极靴 3 为 S 极，且不在定子永磁体磁极的气隙之内，没有为转子转动做功，如图 3-3-5b1 所示。

3）当转子转到极靴 2 的中心线 Ob 与定子永磁体磁极的中心线 AOB 重合时，

换向器对电流换向。换向后，转子极靴 2 的中心线 Ob 和转子极靴 3 的中心线 Oc 在定子永磁体磁极中心线 AOB 的左边，如图 3-3-5c 所示。转子极靴 2 的绕组和极靴 3 串联并与转子极靴 1 的绕组一同并联在直流电源上，如图 3-3-5c2 所示。由于转子的三个极靴绕组匝数相等、线径相同、电阻相等，所以极靴 2 和极靴 3 绕组的电流相等并且是极靴 1 绕组电流的一半。此时转子极靴 3 为 S 极，与定子永磁体磁极 N 极相吸引，其合力 P_3 使转子顺时针转动，同时，转子极靴 2 为 S 极，与定子永磁体磁极 S 相排斥，其合力 P_2 使转子顺时针转动，如图 3-3-5c1 所示。

此时，转子极靴 1 的中心线 Oa 在定子永磁体磁极中心线 AOB 的右边，转子极靴 1 为 N 极，且不在定子永磁体磁极的气隙内，没有为转子转动做功，如图 3-3-5c1 所示。

4）当转子转到极靴 3 的中心线 Oc 与定子永磁体磁极的中心线 AOB 重合时，换向器对电流换向。换向后，转子极靴 3 的中心线 Oc 和转子极靴 1 的中心线 Oa 在定子永磁体磁极中心线 AOB 的右边，如图 3-3-5d 所示。极靴 3 的绕组与极靴 1 串联并与转子极靴 2 的绕组一同并联在直流电源上，如图 3-3-5d2 所示。由于转子的三个绕组匝数相等、线径相同、电阻相等，所以极靴 3 和极靴 1 绕组的电流相等并且是极靴 2 绕组电流的一半。此时转子极靴 3 为 N 极，与定子永磁体磁极 N 极相排斥，其合力 P_3 使转子顺时针转动，同时转子极靴 1 为 N 极，与定子永磁体磁极 S 相吸引，其合力 P_1 使转子顺时针转动，如图 3-3-5d1 所示。

此时，转子极靴 2 的中心线 Ob 在定子永磁体磁极中心线 AOB 的左边，转子靴 2 为 S 极，且不在定子永磁体磁极的气隙内，没有为转子转动做功，如图 3-3-5d1 所示。

以此类推，不再赘述。永磁有刷靴式直流电动输出转矩的方向与转子转向相同。

转子转一圈换向 6 次，这就是两极三靴永磁电动机的转动机理。

第三节　永磁有刷靴式直流电动机的功率、效率及节能

1. 永磁有刷靴式直流电动机的输入功率

永磁有刷靴式直流电动机的输入功率 P_1 是其输入的直流电压 U 和电流 I 的乘积，即输入的直流功率，单位为 W 或 kW（见图 3-3-6）。

$$P_1 = UI$$

2. 永磁有刷靴式直流电动机的损耗

永磁有刷靴式直流电动机的损耗包括其铜损耗、铁损耗、机械损耗等。

（1）永磁有刷靴式直流电动机的铜损耗　永磁有刷靴式直流电动机的铜损

耗 P_{Cu} 是转子绕组铜损耗 P_{Cu}^1 和电刷铜损耗 P_{Cu}^2 之和，单位为 W 或 kW。

$$P_{Cu} = P_{Cu}^1 + P_{Cu}^2$$

式中　$P_{Cu}^1 = I^2 R_1$；

$P_{Cu}^2 = I^2 R_2$；

$P_{Cu} = I^2 (R_1 + R_2)$；

I——输入的直流电流，单位为 A；

R_1——转子绕组的电阻，单位为 Ω；

R_2——电刷和换向铜头之间的电阻，单位为 Ω。

（2）永磁有刷靴式直流电动机的铁损耗　永磁有刷靴式直流电动机的铁损耗 P_{Fe} 包括转子铁心的涡流损耗和磁滞损耗。涡流损耗是由于电流变化在转子铁心中产生交变电流形成的，而磁滞损耗是由于电流变化在转子铁心中产生交变磁场形成的，它们与电流换向的频率有关，电流变化的频率越高，铁损耗越大。铁损耗的单位为 W 或 kW，如图 3-3-6 所示。

（3）永磁有刷靴式直流电动机的机械损耗　永磁有刷靴式直流电动机的机械损耗 P_{fw} 包括轴承的摩擦损耗和风冷损耗，单位为 W 或 kW，如图 3-3-6 所示。

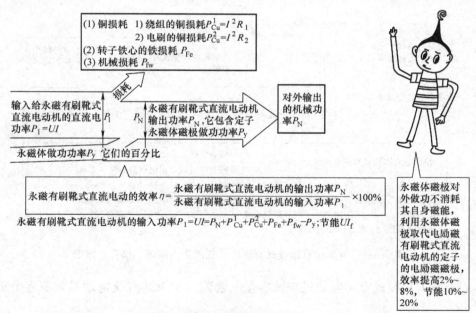

图 3-3-6　永磁有刷靴式直流电动机的输入功率、损耗、效率

（4）总损耗 $\sum P$　总损耗 $\sum P = P_{Cu} + P_{Fe} + P_{fw}$，单位为 W 或 kW。

3. 永磁有刷靴式直流电动机的效率

永磁有刷靴式直流电动机的效率 $\eta = \dfrac{P_N}{P_1} \times 100\% = \dfrac{P_N}{P_N + \sum P} \times 100\%$

4. 永磁有刷靴式直流电动机的节能和效率

永磁有刷靴式直流电动机的定子磁极是永磁体磁极，取代了电励磁定子磁极，因而节省了电励磁定子磁极的励磁功率，与同容量电励磁有刷靴式直流电动机相比，节能 $P_f = UI_f$，节能 10% ~ 20% 。U 为定子绕组励磁电压，单位为 V；I_f 为定子绕组励磁电流，单位为 A；节能 P_f 单位为 W 或 kW，如图 3-3-6 和图 3-3-7 所示。

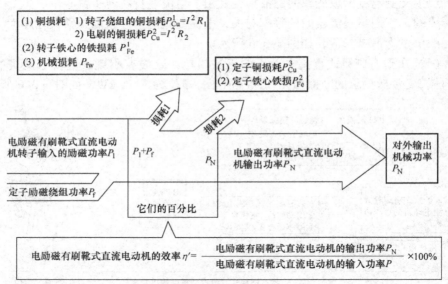

图 3-3-7 电励磁有刷靴式直流电动机的输入功率、损耗、效率

永磁有刷靴式直流电动机与同容量电励磁有刷靴式直流电动机效率和节能比较：

1）永磁有刷靴式直流电动相的效率比同容量电励磁有刷靴式直流电动机的效率高 2% ~ 8%；

2）永磁有刷靴式直流电动机比同容量电励磁有刷靴式直流电动机节能 10% ~ 20% 。

第四节 永磁无刷靴式直流电动机的
结构、起动、换向及反转

永磁无刷靴式直流电动机分为内转子式和外转子式两种结构形式。

1. 永磁无刷外转子靴式电动机的结构

图3-3-8所示为永磁无刷外转子靴式直流电动机结构示意图。永磁无刷外转子靴式电动机的转子由导磁性良好的低碳钢板拉伸成的筒形机壳及粘贴或镶嵌在机壳内圆表面上的永磁体磁极构成。永磁体为径向布置，磁极面直接面对气隙，漏磁少，永磁体易于冷却。定子铁心由导磁性良好的硅钢片冲成带有极靴的冲片叠加而成，在极靴铁心的绝缘架上缠有定子绕组，定子绕组可以是三角形联结或星形联结。

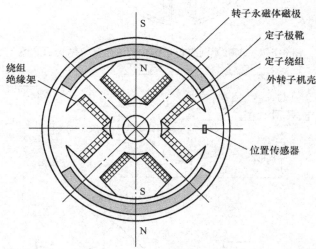

图3-3-8 永磁无刷外转子靴式直流电动机结构示意图

位置传感器布置在极靴的中心线上或在提高10°左右的定子外圆上，且位置传感器的感应器不能接触的地方，感应器固定在转子上。当位置传感器的感应器转到位置传感器的位置时，位置传感器向电子换向器输送电流换向信号，电子换向器对定子绕组进行直流换向。电子换向器有许多种，图3-3-10a所示为霍尔位置传感器和电流换向的电子换向器。

图3-3-9所示为永磁无刷内转子靴式直流电动机结构示意图。它的定子由导磁性良好的低碳钢板拉伸成的筒形机壳，用磁导率很高的硅钢片冲成带有极靴的冲片叠加成的定子铁心及在极身绝缘架上缠绕的定子绕组等组成。其转子是由导磁性良好的硅钢片叠加或在低碳钢的转子毂上粘贴或镶嵌永磁体磁极、转子轴等

组成的。永磁体磁极为径向布置，极面直接面对气隙，漏磁少，且易于冷却。

永磁无刷内转子靴式直流电动机的位置传感器和感应器的安装位置与外转子式相同。

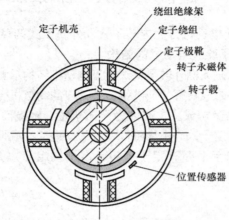

图 3-3-9 永磁无刷内转子靴式直流电动机结构示意图

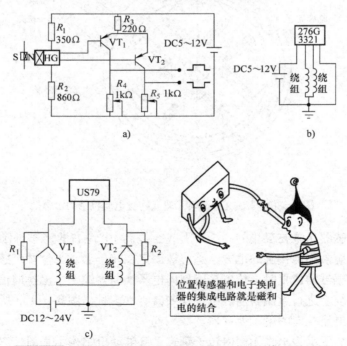

图 3-3-10 位置传感器与电子换向器集成在一个集成电路里

a）外接功率放大器的霍尔位置传感器 HG b）计算机风扇用传感器和电子换向器集成电路

c）位置传感器与电子换向器的集成电路外加功率放大电路

2. 位置传感器和电子换向器及无位置传感器的永磁无刷靴式直流电动机的换向

永磁无刷靴式直流电动机还分为有位置传感器和无位置传感器两种。图3-3-10所示为位置传感器组成的传感器与电子换向器集成在一个电路里或外加功率放大电路的示意图。图3-3-10a所示为霍尔位置传感器外加功率放大的线路参考图；图3-3-10b所示为计算机风扇用位置传感器和电子换向器集成在一个集成电路里；图3-3-10c所示为内部有位置传感器和电子换向器的外接功率放大的电子换向器。位置传感器和电子换向器的集成电路只有一个晶体管的大小。

在无刷永磁靴式直流电动中，还可以利用逆变器将直流电逆变成方波和正弦波供电，方波供电称作永磁无刷靴式直流电动机，正弦波供电称作永磁无刷靴式交流电动机。图3-3-11a所示为直流电逆变成两相为具有位置传感器供电的原理图；图3-3-11b所示为直流电逆变成三相方波或三相正弦波为三相为永磁无刷靴式直流电动机供电的原理图。

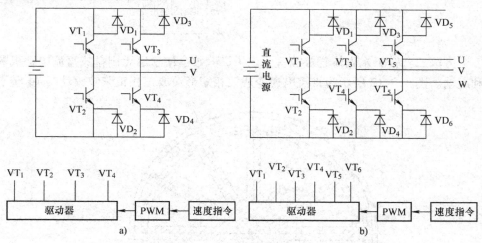

图 3-3-11 直流电逆变成方波或正弦波的原理图

a）将直流电逆变成两相方波或正弦波的原理图　b）将直流电逆变成三相方波或正弦波的原理图

3. 永磁无刷靴式直流电动机的起动和反转

（1）永磁无刷靴式直流电动机的起动　为了让永磁无刷靴式直流电动机顺利起动，在电动机起动前不应使永磁体磁极吸引更多的定子极靴。如果永磁体磁极数与定子极靴数相等，则定子极靴被转子永磁体——对应地吸引，使电动机无法起动。

为了让永磁无刷靴式直流电动机顺利起动，有三种方法。

方法一：定子极靴数多于转子永磁体磁极数。如两个永磁体磁极三个定子极靴；两个转子永磁体磁极四个定子极靴，如图3-3-5、图3-3-8和图3-3-9所示。

直流电通过逆变器变成三相矩形波或三相正弦波的交流电,速度指令控制PWM改变输出三相矩形波或三相正弦波的频率,可以改变永磁无刷靴式电动机的转速

永磁无刷靴式电动机的转子磁极数不能和定子极靴数相等,如果相等则永磁体磁极会一一对应地吸引住定子极靴,使电动机无法起动,为了顺利起动,极靴数应多于永磁体磁极数,或者永磁体磁极数多于定子极靴数;如果用永磁体磁极不对称布置,则虽然能起动,但输出转矩会波动

方法二:转子永磁体磁极数多于定子极靴数会使永磁无刷靴式直流电动机顺利起动。图 3-3-12 所示为直流电逆变成三相矩形波或三相正弦波驱动的 14 转子

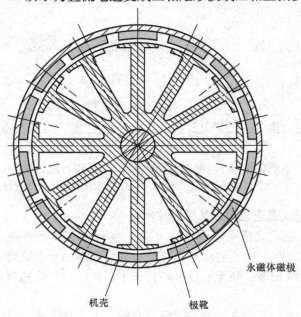

永磁体磁极

机壳   极靴

图 3-3-12　三相矩形波或三相正弦波驱动的 14 转子磁极 12 定子极靴的永磁
无刷外转子靴式电动机

磁极 12 定子极靴的永磁无刷外转子靴式电动机未绕线的剖面图。从图中可以看到，电动机在未起动前，只有两个永磁体磁极与和其对应的定子极靴完全相吸引，其余的永磁体磁极与定子极靴都未完全对应，它们在极靴圆周上的永磁体磁极对定子极靴的吸引力的合力为零，因而电动机易于起动。

表 3-3-1 列出永磁无刷三相靴式电动机永磁体磁极数与定子极靴数易于起动的配合。

表 3-3-1　易于起动的转子永磁体磁极数与定子极靴相配合的数据表

序号	转子永磁体磁极数、定子极靴数	转子磁极吸引定子极靴数	适用于逆变成三相	每相极靴数
1	转子磁极 14 定子磁靴 12	只有两个永磁体磁极吸引其相对应的定子极靴	适用于直流电逆变成三相矩形波或三相正弦波的永磁无刷靴式电动机	每相 4 靴
2	转子磁数 20 定子磁靴 18			每相 6 靴
3	转子磁极 26 定子极靴 24			每相 8 靴
4	转子磁极 32 定子极靴 30			每相 10 靴
5	转子磁极 38 定子极靴 36			每相 12 靴
6	转子磁极 44 定子极靴 42			每相 14 靴
7	转子磁极 50 定子磁靴 48			每相 16 靴
8	转子磁极 56 定子极靴 54			每相 18 靴

图 3-3-13 所示为三相矩形波或三相正弦波驱动的 14 转子磁极 12 定子极靴的永磁无刷靴式电动机的定子极靴绕组及绕组展开图。

图 3-3-13a 所示为 14 转子磁极 12 定子极靴绕组示意图。

图 3-3-13b 所示为 14 转子磁极 12 定子极靴双层绕组展开图。

图 3-3-13c 所示为 14 转子磁极 12 定子极靴单层绕组展开图。

方法三：永磁体磁极不对称布置，这可能会改善永磁无刷靴式电动机的起动，但会引起输出转矩的波动。

（2）永磁无刷靴式直流电动机的反转　永磁无刷靴式直流有位置传感器的电动机不能反转，如果需要反转则应另行安装反向电子换向器。对于三相的，只

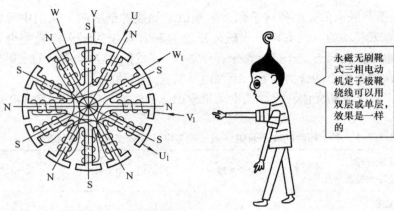

永磁无刷靴式三相电动机定子极靴绕线可以用双层或单层,效果是一样的

a) 14转子磁极12定子极靴绕组示意图

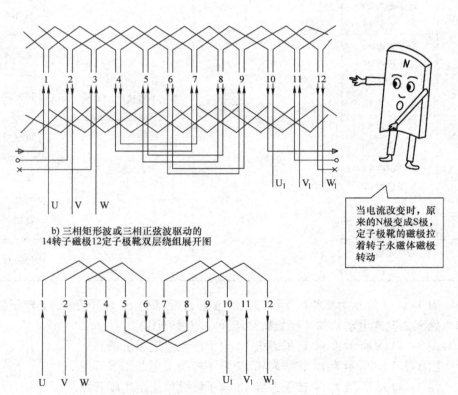

当电流改变时,原来的N极变成S极,定子极靴的磁极拉着转子永磁体磁极转动

b) 三相矩形波或三相正弦波驱动的
14转子磁极12定子极靴双层绕组展开图

c) 14转子磁极12定子极靴单层绕组展开图

图3-3-13 三相矩形波或三相正弦波驱动的 14 转子磁极 12 定子极靴的永磁
无刷靴式电动机的定子极靴绕线及绕线展开图

要将三相中任意两相对调就能实现电动机的反转。

第五节　永磁无刷靴式直流电动机的转动机理

永磁无刷靴式直流电动机的转子磁极是永磁体磁极，定子极靴磁极与转子永磁体磁极或相互吸引或相互排斥的作用使得转子转动，对外输出转矩，并将电能转换成机械能。逆变器为永磁无刷靴式直流电动机供电原理图如图 3-3-14 所示。

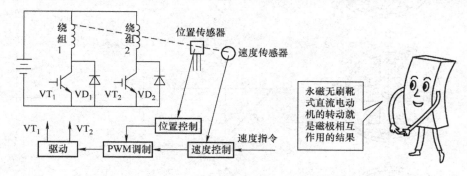

图 3-3-14　逆变器为永磁无刷靴式直流电动机供电原理图

现以两极四靴外转子永磁无刷靴式直流电动机为例，说明永磁无刷靴式直流电动机的转动机理。定子绕组为三角形联结，定子极靴四个绕组的匝数相等，绕组线径相同、电阻相等，每个极靴绕组磁极的磁感应强度相等。

1）如图 3-3-15a 所示，当转子永磁体的中心线 AOB 在定子极靴 1 绕组和极靴 3 绕组的中心线 COD 的左边时，极靴 1 绕组与极靴 2 绕组串联，极靴 3 绕组与极靴 4 绕组串联，同时并联在直流电源上，如图 3-3-15a2 所示。定子极靴 1 绕组为 S 极，吸引转子永磁体 N 极，吸引力为 F_1；极靴 4 绕组为 N 极，与转子永磁体磁极 N 极相排斥，排斥力为 F_4，它们的合力 F_N 使转子顺时针转动，如图 3-3-15a1 所示。与此同时，定子极靴 2 绕组为 S 极，与转子永磁体 S 极相排斥，排斥力为 F_2；定子极靴 3 绕组为 N 极，与转子永磁体 S 极相吸引，吸引力为 F_3，它们的合力 F_S 使转子顺时针转动，如图 3-3-15a1 所示。

2）当转子永磁体磁极的中心线 AOB 转到与极靴 1 绕组和极靴 3 绕组的中心线 COD 重合时，位置传感器将换向信号传给电子换向器。电子换向器将定子极靴 2 绕组与极靴 3 绕组串联，将定子极靴 4 绕组与极靴 1 绕组串联，同时并联在直流电源上，如图 3-3-15b2 所示。换向后如图 3-3-15b 所示，定子极靴 1 绕组为 N 极，与转子永磁体磁极 N 极相排斥，排斥力为 F_1；定子极靴 2 绕组为 S 极，与转子永磁体 N 极相吸引，吸引力为 F_2，它们的合力 F_N 使转子顺时针转动，如

图 3-3-15b1 所示。与此同时，定子极靴 3 绕组为 S 极，与转子永磁体 S 极相排斥，排斥力为 F_3；定子极靴 4 绕组为 N 极，与转子永磁体 S 极相吸引，吸引力为 F_4，它们的合力 F_S 使转子顺时转动，如图 3-3-15b1 所示。

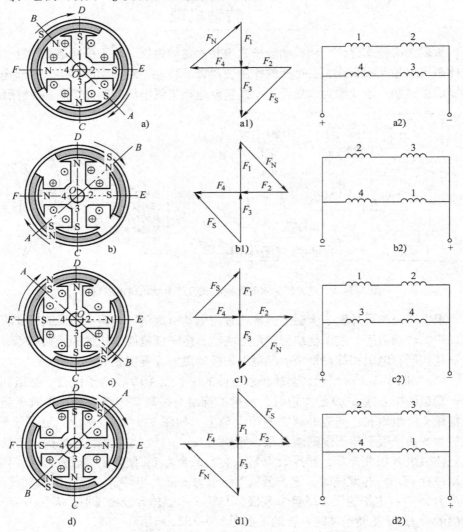

图 3-3-15 永磁无刷靴式直流电动机转动机理示意图

3）当转子转到永磁体磁极的中心线 *AOB* 与定子极靴 2 绕组与极靴 4 绕组的中心线 *EOF* 重合时，位置传感器将换向信号传给电子换向器，电子换向器对直流换向，同时将极靴 1 绕组与极靴 2 绕组串联，将极靴 3 绕组与极靴 4 绕组串联，同时并联在直流电源上，如图 3-3-15c2 所示。换向后如图 3-3-15c 所示，定子极靴 1 绕组为 N 极，与转子永磁体 S 极相吸引，吸引力为 F_1；定子极靴 4 绕组为 S 极，与转子永磁体 S 相排斥，排斥力为 F_4，它们的合力 F_S 使转子顺时针转动。与此同时，定子极靴 2 绕组为 N 极，与转子永磁体 N 极相排斥，排斥力为 F_2；定子极靴 3 绕组为 S 极，与转子永磁体 N 极相吸引，吸引力为 F_3，它们的合力 F_N 使转子顺时针转动，如图3-3-12c1所示。

4）当转子转到永磁体磁极中心线 AOB 与定子极靴 1 绕组和定子极靴 3 绕组的中心线 COD 重合时，位置传感器将换向信号传给电子换向器。电子换向器将极靴 2 绕组与极靴 3 绕组串联，将极靴 4 绕组与极靴 1 绕组串联，同时并联在直流电源上，如图 3-3-15d2。换向后如图 3-3-15d 所示，定子极靴 1 绕组为 S 极，与永磁体 S 极相排斥，排斥力为 F_1，定子极靴 2 绕组为 N 极，与转子永磁体 S 极相吸引，吸引力为 F_2，它们的合力 F_S 使转子顺时针转动。与此同时，定子极靴 4 绕组为 S 极，与转子永磁体 N 极相吸引，吸引力为 F_4；定子极靴 3 绕组为 N 极，与永磁体 N 极相排斥，排斥力为 F_3，它们的合力 F_N 使转子顺时针转动，如图 3-3-15d1 所示。

5）当转子转到永磁体磁极中心线 AOB 与定子极靴 2 和极靴 4 的中心线重合时，位置传感器将换向信号传给电子换向器，换向后转子又回到起始位置图 3-3-15a的位置，转子转动一圈。此过程周而复始，转子转动，对外输出转矩，将直流电能转换成机械能。对外输出转矩的转向与转子的旋转方向相同。

第六节　永磁无刷靴式直流电动机的功率、效率及节能

永磁无刷靴式直流电动机的输入功率通常认为只是对其定子极靴绕组的输入功率 P_1，而其输出功率 P_N 是指其对外输出转矩的功率 P_N，对外输出转矩的功率 P_N 包含永磁体磁极所做的功。

在永磁无刷靴式直流电动机中，输出功率会大于输入功率，这是由于转子永磁体磁极对外做功不消耗其自身磁能的缘故，从某种意义上说，永磁体磁能不遵守能量守恒。

1. 永磁无刷靴式直流电动机的输入功率

永磁无刷靴式直流电动机的输入功率就是其定子极靴绕组励磁所消耗的功率 P_1，表示如下：

$$P_1 = U_f I_f$$

式中　U_f——定子极靴绕组的励磁电压，单位为 V；

　　　I_f——定子极靴绕组的励磁电流，单位为 A；

　　　P_1——永磁无刷靴式直流电动机的输入功率，单位为 W。它不包含转子永磁体磁极做功的功率，如图 3-3-16 所示。

2. 永磁无刷靴式直流电动机的损耗 $\sum P$

永磁无刷靴式直流电动机的损耗包括其定子极靴绕组的铜损耗 P_{Cu}、铁损耗 P_{Fe} 及机械损耗 P_{fw}，如图 3-3-16 所示。

$$\sum P = P_{Cu} + P_{Fe} + P_{fw}$$

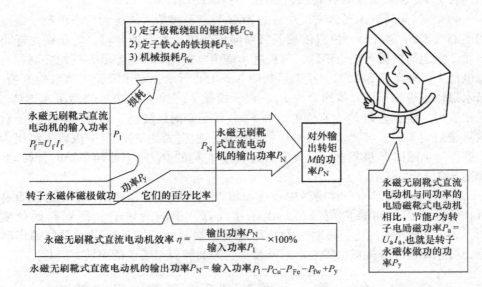

图 3-3-16　永磁无刷靴式直流电动机的输入功率、输出功率、损耗及效率

3. 永磁无刷靴式直流电动机的输出功率 P_N

永磁无刷靴式直流电动机的输出功率是其对外输出转矩的功率，它包括转子永磁体磁能做功的功率和输入功率 P_1 减去损耗所剩下的功率的和。$P_N = P_1 - \sum P + P_y$，P_y 为永磁体磁极做功的功率。

4. 永磁无刷靴式直流电动机的效率

永磁无刷靴式直流电动机的效率是其输出功率与输入功率的百分比。由于转子永磁体磁极做功并未消耗直流电能并且它是输出功率的一部分，因而其输出功率大于其输入功率，如图 3-3-16。

$$\eta = \frac{P_N}{P_1} \times 100\% = \frac{P_N}{P_N + P_{Cu} + P_{Fe} + P_{fw}} \times 100\% = \frac{P_N}{U_f I_f} \times 100\%$$

5. 永磁无刷靴式直流电动机的节能

永磁无刷靴式直流电动机与同容量电励磁无刷靴式直流电动机相比，节省了转子电励磁功率 $P_a = U_a f_a$，节能 $P_y = U_a I_a$。

电励磁靴式直流电动机的效率 η' 为

$$\eta' = \frac{P_N}{P_1} \times 100\% = \frac{P_N}{U_f I_f + U_a I_a} \times 100\%$$

当电动机为并励时，$U_f = U_a$，则

$$\eta' = \frac{P_N}{U_a I_f + U_a I_a} \times 100\%$$

由于 $U_a I_f + U_a I_a > U_a I_f$，所以 $\eta > \eta'$，永磁无刷靴式直流电动机效率比电励磁靴式直流电动机效率高，如图 3-3-16 和图 3-3-17 所示。

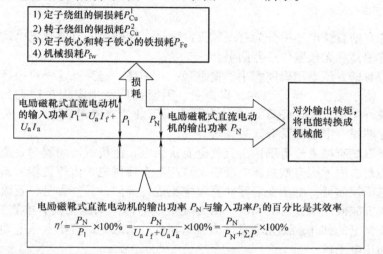

图 3-3-17　电励磁靴式直流电动机的输入功率 P_1、输出功率 P_N、损耗及效率

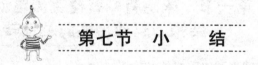

第七节　小　结

　　永磁靴式电动机在航天、航空、舰船、高铁、汽车、电动汽车、电动车、自动化、医疗、医药、食品等诸多领域得到广泛应用。由于有刷永磁靴式直流电动机的机械换向器要定期清理和维护，故现在已很少使用。如今广泛使用的是永磁无刷直流电动机，用位置传感器和电子换向器对直流电进行换向。当需要大功率或低电压大电流大功率的无刷永磁靴式电动机做驱动源时，电子换向器的换向电流不能满足要求，而采用将直流电逆变成三相矩形波或三相正弦波电流来驱动永磁无刷靴式电动机。

　　三相永磁无刷靴式电动机与三相永磁无刷靴式发电机是可逆的。当定子极靴绕组通以三相矩形波或三相正弦波电流励磁时，转子永磁体磁极受到定子极靴磁极的作用而转动，对外输出转矩，这就是三相永磁无刷靴式电动机。相反，当转子永磁体磁极在外转矩的作用下转动时，定子极靴绕组会产生三相交流电输出。

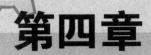

第四章

永磁有槽直流电动机

永磁有槽直流电动机分为有刷和无刷两种。永磁无刷有槽直流电动机又分为有位置传感器和无位置传感器两类。

永磁有槽直流电动机体积小、重量轻、效率高、温升低、噪声小、节能、结构简单、便于维护、运行可靠、寿命长，因而被广泛地应用在航天、航空、舰船、高铁、电动汽车、汽车、电动自行车、工业生产自动控制、无人机、机器人、医疗器械、电动工具等诸多领域。

永磁有刷有槽直流电动机由直流电直接供电，由机械换向器对直流电换向。

一种是永磁无刷有槽直流电动机由直流电直接供电，由位置传感器将换向信号传给电子换向器，电子换向器对直流电流进行换向；另一种是将直流电经逆变器逆变成方波或正弦波电流供电，由方波供电的称作永磁无刷有槽直流电动机，由正弦波供电的称作永磁无刷有槽交流电动机。永磁无刷有槽直流电动机的本质是交流同步电动机。

第一节　永磁有刷有槽直流电动机的结构、起动、换向及反转

1. 永磁有刷有槽直流电动机的结构

永磁有刷有槽直流电动机主要是由机壳、定子、转子、转子轴、机械换向器、轴承及前后端盖等组成的。图 3-4-1 所示为永磁有刷有槽直流电动机结构示意图。

（1）永磁有刷有槽直流电动机的定子　微小功率的永磁有刷有槽直流电动机的机壳是由导磁性良好的低碳钢板拉伸而成，机壳的内圆上粘贴或镶嵌永磁体磁极组成定子；大功率的定子机壳由铸造或钢板焊接而成，定子铁心粘贴或镶嵌永磁体磁极。端盖由低碳钢板冲压而成或由铸造灰铁制成。

（2）永磁有刷有槽直流电动机的转子　图 3-4-2 所示为永磁有刷有槽直流电动机转子，在转子上依次有后轴承、换向铜头、转子铁心及绕组、风扇、前轴承、转子轴等，转子应进行动、静平衡。

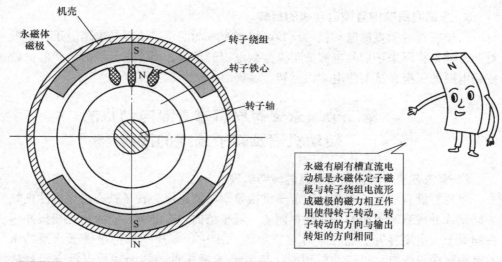

机壳

永磁体
磁极

转子绕组

转子铁心

转子轴

永磁有刷有槽直流电
动机是永磁体定子磁
极与转子绕组电流形
成磁极的磁力相互作
用使得转子转动，转
子转动的方向与输出
转矩的方向相同

图 3-4-1 永磁有刷有槽直流电动机结构示意图

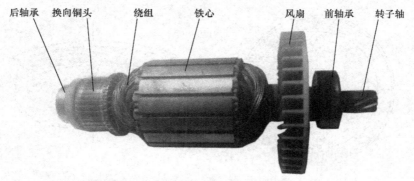

后轴承　换向铜头　　绕组　　铁心　　　风扇　　前轴承　转子轴

图 3-4-2 永磁有刷有槽直流电动机的转子结构

（3）机械换向器　机械换向器由电刷、刷握及压力弹簧、换向铜头等组成。换向器是改变直流电进入转子绕组的电流方向部件。高速小电流的电刷多由电化石墨制成，低速大电流的电刷用金属石墨制成。电刷装在刷握里并用压力弹簧压在换向铜头上，压力可以通过螺栓调整压力弹簧来实现，刷握和刷架固定在绝缘板上后再固定在机壳上。

2. 永磁有刷有槽直流电动机的起动

微小型永磁有刷有槽直流电动机可以直接通电起动，对于功率较大的则不能直接通电起动。由于功率大的起动电流非常大，甚至可以达到额定运行时的 10～20 倍，为此，通常在电源与电刷之间安装一个供起动用的可变电阻，起动前将可变电阻调到最大值，起动时使转子绕组的电流为额定电流的 1.5～2.5 倍，当电动机起动后将电阻调到零。永磁有刷有槽直流电动机的这种起动方式称作降压起动。

3. 永磁有刷有槽直流电动机的反转

永磁有刷有槽直流电动机的反转可将直流电源的正、负极与电刷的正、负极对调，就是将原来正转的电源的正极接到电刷的负极，将原来正转的电源的负极接到电刷的正极，从而使电动机反转，反转时也应采取降压起动。

第二节 永磁有刷有槽直流电动机的 转动机理及转子绕组的接线

1. 永磁有刷有槽直流电动机的转动机理

永磁有刷有槽直流电动机的定子磁极是永磁体磁极。转子铁心由导磁性良好的硅钢片冲成有转子槽的冲片叠加而成，转子槽内嵌有绕组，绕组头尾相接并焊在铜头上，电刷将转子绕组分为两个支路。图3-4-3a所示为两极转子八槽的永磁有刷有槽直流电动机转动机理图。与定子N极相近的转子绕组电流方向是从

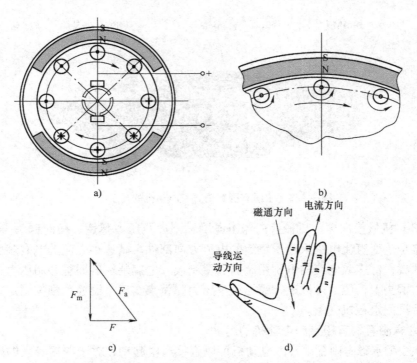

图3-4-3 永磁有刷有槽直流电动机转动机理图

a）转动机理 b）永磁体磁极与转子励磁磁极的相互作用 c）永磁体磁极磁力 F_m 与转子励磁绕组的磁力 F_a 的合力使转子顺时针转动 d）通过导线在磁场中运动方向的左手定则

纸面出来，在磁场中载流导体受到磁场力的作用，用左手定则，如图 3-4-3d 来判定转子顺时针转动；同理，与定子 S 极相近的转子绕组电流是进入纸面的，用左手定则判定转子顺时针转动。

载流导体在磁场中运动的本质是磁场力相互作用的结果。如图 3-4-3b 所示，转子绕组通电时产生的磁场方向用右手定则判定，如图 3-4-3b 所示，它形成的磁力 F_a 与定子磁极 N 极的磁力 F_m 的合力 F 使转子顺时针转动，如图 3-4-3c 所示。图 3-4-3d 所示为判定通电导线在磁场中运动方向的左手定则。转子转动将直流电能转换成机械能，并对外输出转矩。

2. 永磁有刷有槽直流电动机转子绕组的接线

永磁有刷有槽直流电动机转子绕组有多种形式，如单叠式、复叠式、单波式、复波式、蛙式等。它们接线的结果都是使转子形成与定子磁极相对应的磁极。图 3-4-4a 所示为两极八槽转子的永磁有刷有槽直流电动机转子绕组的下线和接线图。第 1 绕组的尾接第 2 绕组的头，第 2 绕组的尾接第 3 绕组的头，以此类推，第 8 绕组的尾接第 1 绕组的头。这些头尾相接的绕组的头分别焊在换向器的 1、2、3……8 的换向铜头上。它们的绕组展开图及接头焊在铜头上及电刷如图 3-4-4b 所示。

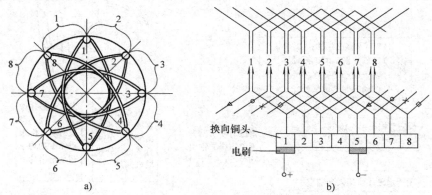

a)　　　　　　　　　　b)

图 3-4-4　永磁有刷有槽两极八槽转子绕组单叠式绕组下线和绕组展开图
a）绕组下线图　b）绕组展开图

第三节　永磁有刷有槽直流电动机
的功率、效率及节能

1. 永磁有刷有槽直流电动机的输入功率

永磁有刷有槽直流电动机的输入功率 P_1 是电源给转子绕组的功率，它是直流电源的电压 U_a 和通过电刷的电流 I_a 的积，表示为

$$P_1 = U_a I_a$$

2. 永磁有刷有槽直流电动机的输出功率

永磁有刷有槽直流电动机的输出功率 P_N 是其对外输出转矩的功率，它包括定子永磁体磁极做功的功率 P_y。

3. 永磁有刷有槽直流电动机的功率损耗

永磁有刷有槽直流电动机的损耗 $\sum P$ 包括转子绕组的铜损耗 P_{Cu}^1、电刷与换向铜头的铜损耗 P_{Cu}^2、转子铁心的铁损耗 P_{Fe} 和机械损耗 P_{fw}。

$$\sum P = P_{Cu}^1 + P_{Cu}^2 + P_{Fe} + P_{fw}$$

4. 永磁有刷有槽直流电动机的效率

永磁有刷有槽直流电动机的效率是其输出功率 P_N 与输入功率 P_1 的百分比。输出功率 P_N 中包含定子永磁体做功的功率 P_y，如图 3-4-5 所示。

$$\eta = \frac{P_N}{P_1} \times 100\% = \frac{P_N}{P_N + P_{Cu}^1 + P_{Cu}^2 + P_{Fe} + P_{fw}} \times 100\%$$

$$P_N = P_1 - P_{Cu}^1 - P_{Cu}^2 - P_{Fe} - P_{fw} + P_y$$

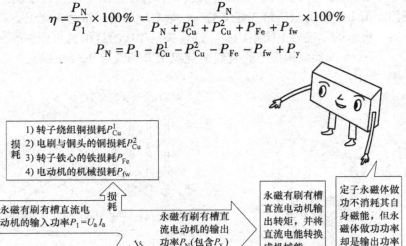

图 3-4-5 永磁有刷有槽永磁电动机的输入功率 P_1、输出功率 P_N、效率和节能

5. 永磁有刷有槽直流电动机的节能

永磁有刷有槽直流电动机的定子磁极是永磁体磁极，它取代了常规电励磁的定子磁极。常规电励磁的定子磁极的励磁功率 P_f 为

$$P_f = U_f I_f$$

式中　U_f——常规电励磁的定子励磁电压，单位为 V；

　　　I_f——常规电励磁的定子励磁电流，单位为 A。

永磁有刷有槽直流电动机与同容量电励磁的有刷有槽直流电动机相比节能

$$P_y = U_f I_f = U_a I_f$$

式中　U_a——并励时与转子励磁电压 U_a 相同；

　　　I_f——定子电励磁电流，单位为 A。

第四节　永磁无刷有槽直流电动机的结构、起动、换向及反转

永磁无刷有槽直流电动机的转子磁极是永磁体磁极。

永磁无刷有槽直流电动机包括有位置传感器和无位置传感器两种，又有直接由直流供电和直流电经逆变器逆变成矩形波或正弦波供电两类，还有内转子和外转子之分。

永磁无刷有槽直流电动机由逆变器逆变成矩形波或正弦波供电的，其本质是交流同步电动机。

永磁无刷有槽直流电动机体积小、重量轻、效率高、节能、温升低、噪声小、结构简单、便于维护、运行可靠、寿命长，因而被广泛地应用在航天、航空、舰船、高铁、汽车、电动汽车、电动自行车、工业自动控制、PLC 控制、无人机、机器人、医疗器械等诸多领域。例如宇宙飞船的太阳电池板的翻转和调整；又如民航客机副翼调整用 15kW 永磁无刷有槽直流电动机只有 7.5kg，是常规同功率电动机重量的 10%。

1. 永磁无刷有槽直流电动机的结构

近年来，永磁无刷有槽直流电动机发展很快，内转子式永磁无刷有槽直流电动机多为微、小型，常用于自动控制中，也有大型用于潜艇的驱动；外转子式永磁无刷有槽直流电动机常用于诸如电动汽车、电动自行车等的驱动。

图 3-4-6a 所示为外转子式永磁无刷有槽直流电动机结构示意图。外转子式永磁无刷有槽直流电动机的转子磁极是永磁体磁极，它粘贴或镶嵌在外转子机壳的内圆上，机壳由导磁性良好的低碳钢拉伸而成或焊接而成。定子铁心用导磁性良好的硅钢片冲有定子槽的冲片叠加而成，槽内嵌放定子绕组。

图 3-4-6b 所示为内转子式永磁无刷有槽直流电动机结构示意图。内转子式永磁无刷有槽直流电动机的转子磁极是永磁体磁极，它粘贴或镶嵌在转子毂铁心上。定子铁心用导磁性良好的硅钢冲有定子槽的冲片叠加而成，定子槽内嵌放绕组。机壳为低碳钢拉伸成筒形，大型的机壳用灰铸铁铸成或钢板焊成。定子铁心安装在机壳内。

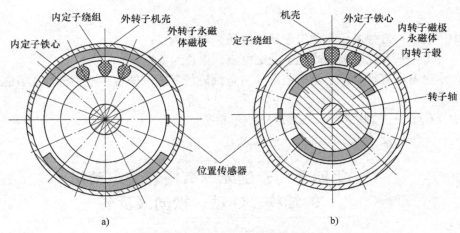

图 3-4-6　永磁无刷有槽直流电动机

a) 外转子式永磁无刷有槽直流电动机结构示意图　b) 内转子式永磁无刷有槽直流电动机结构示意图

　　位置传感器安装在不妨碍转子转动的定子上；位置传感器的感应器安装在转子上即不妨碍转子转动又可以感应位置传感器的地方，如图 3-4-6 所示。传感器如图 3-4-9 所示。

　　图 3-4-7 所示为永磁无刷有槽直流电动机外转子式电动自行车后轮驱动的结构示意图。机壳由导磁性良好的低碳钢拉伸成筒形，筒内圆粘贴或镶嵌转子永磁体磁极。机壳由左右端盖固定，左、右端盖安装有轴承。内定子铁心固定在定子轴上，定子轴固定在自行车架上。左端盖外安装有内部安装棘轮的链齿轮，供电瓶匮电时人力驱动。

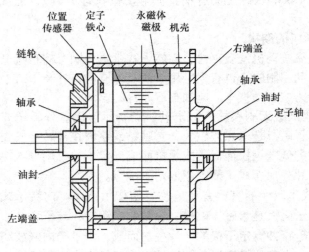

永磁体磁能对外做功不消其自身磁能，用永磁体磁极做永磁无刷有槽电动机的转子磁极节能 $P_y = U_a I_f$，这是永磁体磁能做功的功率

图 3-4-7　电动自行车用永磁无刷有槽直流电动机

永磁无刷有槽直流电动机又分有位置传感器和无位置传感器两类。图3-4-8所示为永磁无刷有槽直流电动机无位置传感器的电原理图。它是由直流电经逆变器逆变成正弦波电流供电的，它的换相信号是由定子绕组的反电动势或定子绕组的电感变化提供的。它有速度传感器，可以通过速度指令对电动机进行调速。

2. 永磁无刷有槽直流电动机的起动、换向及反转

（1）永磁无刷有槽直流电动机的起动　如果永磁无刷有槽直流电动机的定子无铁心，则定子槽数可以是任意数，永磁体转子在任意位置上都可以顺利起动。如果定子有铁心，则由逆变器逆变成三相矩形波或正弦波的每极每相槽数必须是分数，否则起动困难甚至无法起动；如果定子有铁心，并且由位置传感器换向，则转子永磁体磁极数与定子槽数的商是真分数且只能被2约分一次，如转子永磁体为4极，定子槽数为14槽，它们的商为4/14，被2约分后得2/7，不可再被2约分，说明转子永磁体磁极有2个极对准了定子的应该对准的六个槽，其余八个槽分别为另两个极所吸引，在圆周上永磁体磁极的引力的合力为零，电动机可顺利起动。如果定子槽为12，则每个转子永磁体磁极吸引三个定子槽，电动机无法起动。

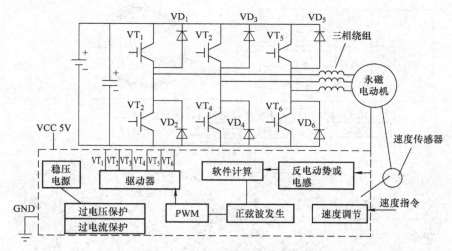

图3-4-8　由逆变器将直流电逆变成三相正弦波电流供电的永磁无刷有槽直流电动机电原理图

（2）永磁无刷有槽直流电动机的换向（相）　永磁无刷直流电动机换向（相）有三种方式。其一是位置传感器将换向信号传给电子换向器，电子换向器对直流电进行换向，电子换向器如图3-4-9所示；其二是位置传感器将换相信号传给 PWM 调制后送入驱动器，驱动器去导通或截止逆变器的开关管进行调相，如图 3-4-10 所示；其三是如图 3-4-8 所示的无位置传感器的永磁无刷有槽直流电动机的调相是以定子绕组的反电动势或定子绕组的电感变化作为调相信号对逆变器进行换相的。

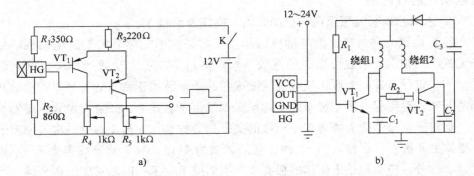

a)   b)

图 3-4-9　霍尔位置传感器和电子换向（相）器的集成电路及外接功率放大

a）霍尔集成电路外接功率放大的矩形波输出　b）霍尔传感器集成电路外接功率放大供两个绕组轮流导通

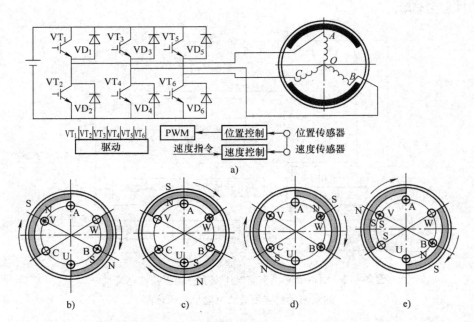

a)

b)   c)   d)   e)

图 3-4-10　永磁无刷有槽直流电动机转动机理电原理图

a）永磁无刷有槽直流电动机转动电原理图，它为三相 6 状态逆变器输出矩形波的两极有位置传感器和速度传感器的绕组呈形联结的永磁无刷有槽直流电动机　b）c）d）e）转动机理每转 60°机械角的原理图

（3）永磁无刷有槽直流电动机的反转　永磁无刷有槽有位置传感器换向的直流电动机不能反转，需要反转时需要另设一套反转机构。将直流电逆变成三相矩形波或正弦波的可以通过两相对调实现反转。

第五节　永磁无刷有槽直流电动机的转动机理

图 3-4-10a 所示为三相六状态逆变器输出矩形波电流或正弦波电流驱动的两极有位置传感器和速度传感器的永磁无刷有槽直流电动机转动机理图。三相定子绕组为星形联结。当位置传感器的感应器转到位置传感器的位置时，位置传感器将换相信息传送给位置控制器，经处理后送入 PWM 调制后再送入驱动器，驱动器驱动六个功率开关管的导通和关断。速度传感器将速度信息和速度指令传送给速度控制器经处理后送到 PWM 处理，再送到驱动器控制换相时间，即控制逆变器的换相频率以达到速度指令的要求。

1）当外转子永磁体磁极在图 3-4-10b 的位置时，位置传感器向位置控制器输入外转子磁极的位置信息，经处理后送入 PWM 调制后再输送给驱动器。驱动器驱动 VT$_1$ 和 VT$_4$ 导通，使定子绕组 A 和 B 导通，电流从绕组 A 的首端进入从绕组 B 的首端流出，绕组磁极拖动外转子永磁体磁极顺时针转动 60° 机械角。

2）当外转子转过 60° 机械角之后达到图 3-4-10c 的位置时，驱动器关断 VT$_4$ 而驱动 VT$_6$ 导通，VT$_1$ 仍然导通，接通绕组 A 相和 C 相，电流从绕组 A 首端进从绕组 C 首端出，定子绕组磁极拖动外转子磁极顺时针转动 60° 机械角。

3）当外转子转过 60° 机械角之后到达图 3-4-10d 的位置时，位置传感器向位置控制器输入外转子磁极的位置信息，经处理后送入 PWM 调制，再送入驱动器。驱动器关断 VT$_1$，VT$_1$ 截止，导通 VT$_3$，VT$_6$ 仍然导通，此时接通定子绕 B 相和 C 相，电流 B 进 C 出，定子绕组磁极拖动外转子永磁体磁极顺时针转动 60° 机械角。

4）当外转子转过 60° 机械角之后到达图 3-4-10e 的位置时，位置传感器将位置信息传给位置控制器，经处理后送入 PWM 等逻辑处理后再送入驱动器，驱动器关断 VT$_6$，导通 VT$_2$，VT$_3$ 仍然导通，电流 B 进 A 出，定子绕组磁极拖动外转子永磁体磁极顺时针转动 60° 机械角。

5）以此类推，当位置传感器再给出两次换相信号之后，外转子磁极又回到图 3-4-10b 的位置，外转子转动一圈。外转子转动一圈换相六次，需六个位置传感器；也可以 120° 机械角换换相一次，需三个换相位置传感器。

这就是无刷有槽直流电动机的转动机理。

第六节 永磁无刷有槽直流电动机的输入功率、输出功率、效率及节能

1. 永磁无刷有槽直流电动机的输入功率

永磁无刷有槽直流电动机的输入功率有两种。其一是电动机自身的输入功率，它是逆变器向电动机输入矩形波或正弦波电流的功率；其二是电动机系统的输入功率，它是直流电源向逆变器输入的功率。

（1）永磁无刷有槽直流电动机自身的输入功率 P_1^1　永磁无刷有槽直流电动机的自身输入功率 P_1^1 是逆变器直接向电动机定子绕组输入的励磁功率，$P_1^1 = U_f I_f$。U_f 是励磁电压，单位为 V；I_f 是励磁电流，单位为 A，如图 3-4-11 所示。

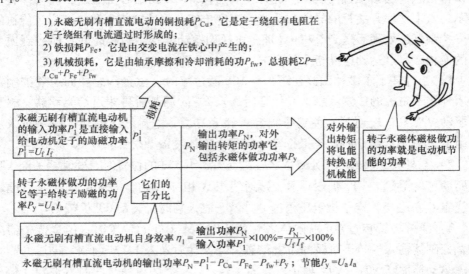

图 3-4-11 永磁无刷有槽直流电动机自身的输入功率、输出功率、效率及节能方框图

（2）永磁无刷有槽直流电动机的系统输入功率 P_1^2　系统输入功率是直流电源输入给逆变器且逆变器又输入给电动机的功率，如图 3-4-12 所示。

系统输入功率 P_1^2 为

$$P_1^2 = UI$$

式中　U——供给逆变器的直流电压，单位为 V；

　　　I——供给逆变器的直流电流，单位为 A。

2. 永磁无刷有槽直流电动机的损耗

永磁无刷有槽直流电动机的损耗分为自身损耗和系统损耗，电动机的自身损耗为以下几种。

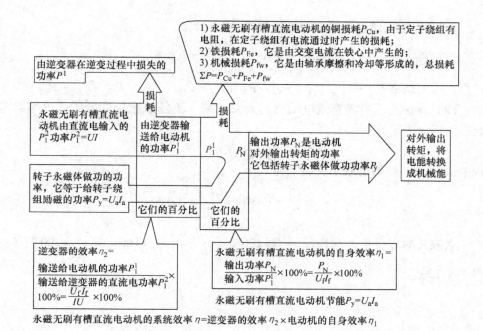

图 3-4-12 永磁无刷有槽直流电动机的系统输入功率、输出功率、效率及节能方框图

（1）绕组的铜损耗 P_{Cu}　绕组的铜损耗是由于定子绕组有电阻，在绕组有电流通过时产生的损耗，它是电流的二次方与绕组电阻的乘积，表示为 $P_{Cu} = I^2 R$。

（2）铁心的铁损耗 P_{Fe}　铁损耗是由交变电流在铁心中产生的涡流和磁滞损耗等之和，铁损耗与交变电流的频率有关，频率越高，损耗越大。

（3）机械损耗 P_{fw}　机械损耗包括电动机轴承的摩擦损耗和冷却损耗等的损耗。

（4）永磁无刷有槽直流电动机自身损耗 $\sum P = P_{Cu} + P_{Fe} + P_{fw}$　永磁无刷有槽直流电动机的系统损耗包括逆变器在逆变过程中的损耗 P^1 和电动机自身损耗之和，即 $P = \sum P + P^1 = P_{Cu} + P_{Fe} + P_{fw} + P^1$，如图 3-4-11 所示。

3. 永磁无刷有槽直流电动机的输出功率 P_N

永磁无刷有槽直流电动机的输出功率 P_N 是电动机对外输出转矩的功率，是将输入的电能和永磁体磁能做功转换成机械能。必须指出，输出功率中有永磁体磁极做功的功率，永磁体磁极做功并未消耗电能，如图 3-4-11 和图 3-4-12 所示。

4. 永磁无刷有槽直流电动机的效率

永磁无刷有槽直流电动机的效率有电动机自身效率和系统效率之分。

（1）永磁无刷有槽直流电动机的自身效率 η_1　自身效率是电动机输出功率

P_N 与逆变器输入给电动机的输入功率 P_1^1 的百分比。

$$\eta_1 = \frac{P_N}{P_1^1} \times 100\% = \frac{P_N}{U_f I_f} \times 100\%$$

式中，输出功率 $P_N = P_1^1 - P_{Cu} - P_{Fe} - P_{fw} + P_y = U_f I_f - P_{Cu} - P_{Fe} - P_{fw} + P_y$。

（2）永磁无刷有槽直流电动机的系统效率　系统效率是逆变器效率与自身效率的积，表示为

$$\eta = \eta_1 \cdot \eta_2$$

式中，η_2 为逆变器的效率，表示为

$$\eta_2 = \frac{P_1^1}{P_1^2} \times 100\% = \frac{U_f I_f}{UI} \times 100\%$$

系统效率 η 也可表示为 $\eta = \dfrac{P_1^1}{P_1^2} \times 100\% = \dfrac{U_f I_f}{IU} \times \dfrac{P_N}{U_f I_f} \times 100\% = \dfrac{P_N}{UI} \times 100\%$ （见图 3-4-12）。

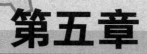

第五章

永磁盘式直流电动机

永磁盘式直流电动很早就被发明出来了，但由于最早的永磁盘式直流电动机的磁极是天然磁石，磁感应强度小、效率低、体积大，因此没有得到发展。随着时代的发展，科学技术的进步，自1900年人类制造出第一个钨钢永磁体之后，又发明了铁氧体永磁体，20世纪70年代后又相继发明了磁性能更好的稀土钴永磁体及磁性能比稀土钴更好的钕铁硼永磁体，使永磁盘式直流电动机进入实用阶段。

永磁盘式直流电动机的特点是轴向短，适用于轴向空间尺寸小的场合。

永磁盘式直流电动机的另一个特点是永磁体磁极的两个磁极可以同时利用，是永磁体磁极最合理、最科学，且成本低的利用形式。

永磁盘式直流电动机中，永磁体轴向布置，是永磁体串联，永磁体两个极面同时利用且直接面对气隙，漏磁小，使得永磁盘式直流电动机体积小、重量轻、效率高、节能、温升低、噪声小、功率因数高，被广泛地应用在航天、航空、舰船、计算机、医疗器械、数码相机、家电等诸多领域。

永磁盘式直流电动机包括有刷和无刷两种，为了适合多方面需求又可以做成单转子和多转以适应不同功率的要求。

第一节　永磁有刷盘式直流电动机
的结构、起动、换向及反转

1. 永磁有刷盘式直流电动机的结构

永磁有刷盘式直流电动有单转子和多转子的结构形式，图3-5-1a所示为单转子结构，图3-5-1b所示为双转子结构。

永磁有刷盘式直流电动机的定子磁极是永磁体磁极，永磁体磁极轴向布置，呈扇形排列，如图3-5-2a所示。

永磁有刷盘式直流电动机的转子通常无铁心，转子绕组在模具中用环氧树脂或酚醛树脂玻璃纤维增强塑料成型，使转子绕组在转子转动过程中不变形。转子无铁心，因而无铁损。转子绕组两边都是气隙，便于转子绕组和永磁体磁极的散

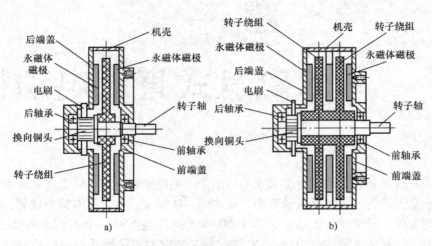

后端盖　机壳　永磁体磁极　电刷　后轴承　换向铜头　转子绕组　转子轴　前轴承　前端盖

转子绕组　机壳　转子绕组　永磁体磁极　永磁体磁极　后端盖　电刷　后轴承　换向铜头　转子轴　前轴承　前端盖

a)　　　　　　　　　　　b)

图 3-5-1　永磁有刷盘式直流电动机结构示意图

a）单转子式永磁有刷盘式直流电动机结构示意图　b）双转子式永磁有刷盘式直流电动机结构示意图

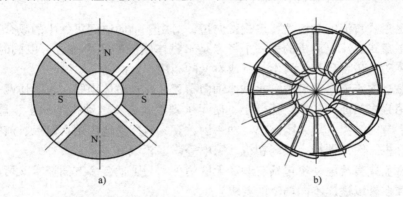

a)　　　　　　　　　　　b)

图 3-5-2　永磁有刷盘式直流电动机的定子永磁体布置及转子绕组

a）定子磁极呈扇形布置　b）转子绕组

热和冷却。转子绕组被封在增强塑料中并安装在转子轴上，或直接与增强塑料转子绕组一起在模具中固定。转子无铁心、质量小、转动惯量小、起动力矩大、快速反应性好、可以频繁起动。

转子轴端安装或用增强塑料固定有机械换向器的换向铜头。

图 3-5-1a 所示为单转子永磁有刷盘式直流电动机结构示意图。永磁有刷盘式直流电动机单转子式由固定有定子永磁体的前端盖、固定有永磁体磁极的后端盖、机壳、转子轴承、电刷等组成。

永磁有刷盘式直流电动机的转子是电动机输出转矩并将电能转换成机械能的装置。

图 3-5-1b 所示为双转子永磁有刷盘式直流电动机的结构示意图。双转子与

单转子永磁有刷盘式直流电动机的结构基本相同，所不同的是它有两个转子和三个定子永磁体磁极。图3-5-2所示为定子永磁体磁极和转子绕组，图3-5-3所示为转子绕组展开图。

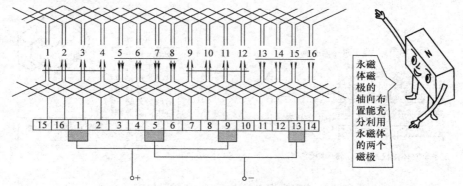

永磁体磁极的轴向布置能充分利用永磁体的两个磁极

图3-5-3　4极转子16×2匝的永磁有刷盘式直流电动机转子绕组展开图

根据不同功率，永磁有刷盘式直流电动可以做成单转子、双转子式、三转子式或更多转子的形式。

2. 永磁有刷盘式直流电动机的起动

对于无转子铁心的永磁有刷盘式直流电动机可以在任意位置上起动，对转子槽数定子永磁体磁数没有任何要求。电机起动时电流很大，通常采取降压起动。

3. 永磁有刷盘式直流电动机的换向

永磁有刷盘式直流电动机电流的换向是由机械换向器来完成的。

4. 永磁有刷盘式直流电动机的反转

永磁有刷盘式直流电动机可以非常方便地实现反转，只要把直流电源的正负极与电刷的正负极对调，即电源的正极接电刷的负极，电源的负极接电刷的正极就能使电动机反转。电机反转时也应采取降压起动方式。

第二节　永磁有刷盘式直流
电动机的转动机理

永磁有刷盘式直流电动机的定子磁极是永磁体磁极，直流电流入转子绕组并被电刷和换向铜头不断改变方向，使得转子电流磁场的磁力与定子永磁体磁极的磁场的磁力相互作用以使转子转动，转子转动对外输出转矩，并将直流电能转换成机械能。

载流导体在磁场中受到磁场力的作用而移动，用左手定则来判定载流导体的运动方向，左手定则如图3-4-3d所示。图3-5-4a所示为永磁有刷盘式直流电动机的转动机理示意图。在永磁体 N 极与 S 极气隙之间的转子绕组的电流方向是从纸面流出的，用左手定则判定转子按顺时针转动，同理可以判定转子的另一边电流进入纸面，转子也是按顺时针转动的。

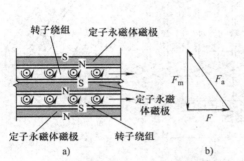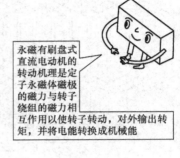

图 3-5-4 永磁有刷盘式直流电动机转动机理示意图

从另一个角度分析，如图 3-5-4b 所示，定子永磁体磁极的磁力 F_m 与转子绕组的电流产生的磁场的磁力 F_a 相互作用的合力 F 使得转子转动。在转子转动的过程中，电刷和换向铜头一直保持使转子转动的电流方向。这就是永磁有刷盘式直流电动机的转动机理。

永磁有刷盘式直流电动机输出转矩的旋转方向与转子的旋转方向相同。

第三节　永磁有刷盘式直流电动机的输入功率、输出功率、效率及节能

永磁有刷盘式直流电动机的定子磁极是永磁体磁极，转子磁极由机械换向器将直流电进行换向后通入转子绕组产生的交变磁场的磁力与定子永磁体磁极的磁力相互作用使得转子转动，对外输出转矩，并将直流电能转换成机械能。

1. 永磁有刷盘式直流电动机的输入功率 P_1

永磁有刷盘式直流电动机的输入功率是直流电源输入给电动机的功率，表示为 P_1，如图 3-5-5 所示。

$$P_1 = U_a I_a$$

式中　U_a——由直流电源输入给永磁有刷盘式直流电动机的直流电压，单位为 V；

$\quad\quad I_a$——由直流电源输入给永磁有刷盘式直流电动机转子绕组的直流电流，单位为 A。

2. 永磁有刷盘式直流电动机的输出功率 P_N

输出功率就是永磁有刷盘式直流电动机对外输出转矩的功率，它包含定子永

磁体磁极做功的功率 $P_y = U_f I_f$，如图 5-5 所示。

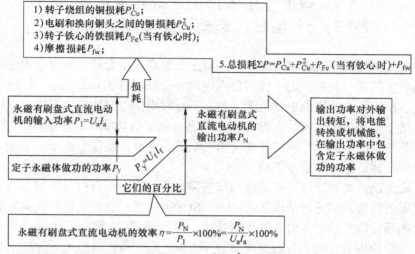

图 3-5-5　永磁有刷盘式直流电动机的输入功率、输出功率、效率和节能示意图

3. 永磁有刷盘式直流电动机损耗

永磁有刷盘式直流电动机的损耗有：①转子绕组的铜损耗 P_{Cu}^1；②电刷和换向铜头的铜损耗 P_{Cu}^2；③如果转子有铁心则有铁损耗 P_{Fe}；④机械损耗 P_{fw}，它包括轴承的摩擦损耗和冷却损耗；⑤总损耗 $\sum P = P_{Cu}^1 + P_{Cu}^2 + P_{Fe}$（当有铁心时）$+ P_{fw}$，如图 3-5-5 所示。

4. 永磁有刷盘式直流电动机的效率

永磁有刷盘式直流电动机的效率是其输出功率 P_N 与输入功率 P_1 的百分比。输出功率包括定子永磁体磁极做功的功率 $P_y = U_f I_f$。永磁有刷盘式直流电动机的效率 η 为

$$\eta = \frac{P_N}{P_1} \times 100\% = \frac{P_N}{U_a I_a} \times 100\%$$

永磁有刷盘式直流电动机的输出功率 $P_N = P_1 - P_{Cu}^1 - P_{Cu}^2 - P_{Fe}$（有铁心）$- P_{fw} + P_y$。

$$P_N = U_a I_a - P_{Cu}^1 - P_{Cu}^2 - P_{Fe}（转子有铁心）- P_{fw} + U_f I_f$$

5. 永磁有刷盘式直流电动机的节能

节能 $P_y = U_f I_f$

式中　U_f——常规励磁绕组的励磁直流电压，单位为 V；

　　　I_f——常规励磁绕组的励磁直流电流，单位为 A。

第四节 永磁无刷盘式直流电动机的
结构、起动、反转及调速

永磁无刷盘式直流电动机的转子磁极是永磁体，呈扇形，轴向布置，永磁体的两面磁极都得到利用。定子绕组自内径向外径呈辐射状分布，定子绕组通常无铁心。永磁无刷盘式直流电动机无火花，不会对周围电器件形成干扰，且轴向距离短，适于轴向狭窄空间。永磁无刷盘式直流电动机体积小、重量轻、温升低、噪声小，效率高、节能，被广泛地应用在航天、航空、船舶、汽车、工业自动控制、医疗器械、家电等诸多领域。

永磁无刷盘式直流电动机的换向有三种方式。其一是有位置传感器的，是由位置传感器将换向信号传给电子换向器，电子换向器对直流电进行换向；其二是位置传感器将换向信号传给位置控制器后，再送到 PWM 调制后送到逆变器的驱动器，驱动器再去开通或关断逆变器的开关管，逆变器将直流电逆变成二相或三相或四相或更多相的交流电来改变定子绕组的电流方向；其三是无位置传感器的逆变器改变定子绕组的电流方向，它是以定子绕组的反电动势或电感为逆变器提供换相信息的。

逆变器将直流电逆变成矩形波或正弦波电流驱动永磁无刷盘式直流电动机，其中矩形波电流的也称永磁无刷盘式直流电动机，另一种正弦波电流的也称永磁无刷盘式交流电动机。

永磁无刷盘式直流电动机的实质是永磁同步交流电动机，它们都是由定子绕组通电所形成的磁极拖动转子永磁体磁极转，将电能转换成机械能。

1. 永磁无刷盘式直流电动机的结构

（1）用电子换向器换向的永磁无刷盘式直流电动机的结构 永磁无刷盘式直流电动机的转子磁极是永磁体磁极，轴向布置，磁极呈扇形布置，并在模具中用玻璃纤维环氧树脂或玻璃纤维酚醛树脂固定后安装在转子毂上或直接固定在转子轴上，如图 3-5-6 所示。

永磁无刷盘式直流电动机的定子是绕组在模具中绕成，并用玻璃纤维环氧树脂或酚醛树脂固定，而后安装在端盖内侧或安装在机壳上。

位置传感器安装在机壳上或安装在端盖内侧上，位置传感器的感应器安装在转子上，如图 3-5-7a、b 所示。

永磁无刷盘式直流电动机根据功率要求不同可以做成单转子式，如图 3-5-7a所示；也可以做成双转子式，如图 3-5-7b 所示；还可以做成三转子式、四转子式等。

（2）由逆变器将直流电逆变成三相矩形波或正弦波供电的永磁无刷盘式电

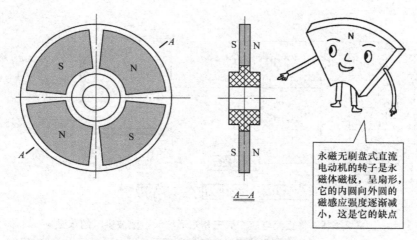

永磁无刷盘式直流电动机的转子是永磁体磁极，呈扇形，它的内圆向外圆的磁感应强度逐渐减小，这是它的缺点

图 3-5-6 永磁无刷盘式直流电动机的转子永磁体磁极结构示意图

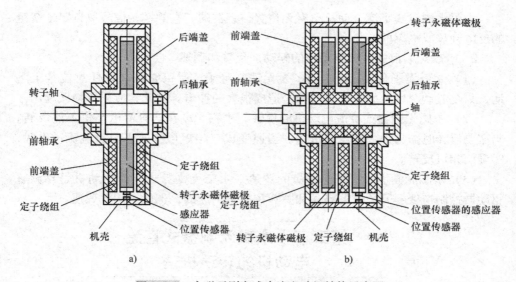

a)

b)

图 3-5-7 永磁无刷盘式直流电动机结构示意图
a）单转子永磁无刷盘式直流电动机结构示意图 b）双转子永磁无刷盘式直流电动机结构示意图

动机的结构 图 3-5-8 所示为六开关将直流电逆变成三相矩形波或正弦波交流供电有位置传感器和速度传感器的永磁无刷盘式直流电动机的原理图。位置传感器将换相信号传输给位置控制器，位置控制将传入的信息经逻辑运算后将信息传输给驱动器，驱动器去控制六个开关管的导通或关断；同时速度传感器将速度信息传给速度控制器，速度控制器根据速度指令计算六开关管的开、关频率，将信号输送给驱动器，驱动器来控制六个管的开、关频率，即换相频率去驱动六个开关管的导通和关断时间以达到调速的目的。

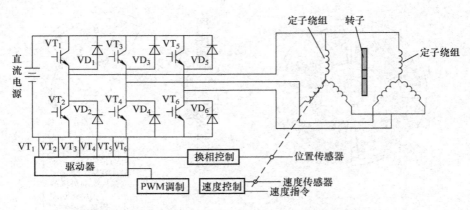

图 3-5-8 将直流电逆变成三相矩形波或正弦波供电的永磁
无刷盘式直流电动机原理示意图

　　永磁无刷盘式直流电动机也有无位置传感器的，它的换相信号取自定子绕组的反电动势或电感的变化。

　　2. 永磁无刷盘式直流电动机的起动、反转和调速

　　（1）永磁无刷盘式直流电动多为无铁心定子，所以它可以在任意位置上起动，只是起动时电流太大，会对转子造成很大的冲击，因此，应采取降压起动。

　　（2）永磁无刷盘式直流电动机的反转　永磁无刷盘式直流电动机不能反转，当需要反转时需另设一套反转机构。当逆变成三相矩形波或正弦波电流供电时，对调两相可反转。

　　（3）永磁无刷盘式直流电动机的调速　永磁无刷盘式直流电动机是靠调整驱动器控制逆变器开关管的导通和关断频率来调速的，也就是调频调速。

第五节　永磁无刷盘式直流
电动机的转动机理

　　永磁无刷盘式直流电动机的转动机理与永磁有刷盘式直流电动机的转动机理基本相同，它们都是永磁体磁极磁场的磁力与绕组通电产生的磁场的磁力相互作用使得转子转动的。所不同的是，永磁有刷盘式直流电动机的定子磁极是永磁体磁极，定子永磁体磁极推动转子绕组磁极使转子转动，而永磁无刷盘式直流电动机的转子磁极是永磁体磁极，定子绕组通电产生的磁极吸引转子永磁体磁极使得转子转动。

　　图 3-5-9 所示为 4 极定子 12 槽有三个位置传感器的永磁无刷盘式直流电动机的定子绕组展开图和转子转动机理图。在图 3-5-9b 中，定子绕组这个载流导体会在转子永磁体磁场中因受到磁场力的作用而移动，但定子绕组是固定的，而永磁体磁极的转子是可以转动的，从而使得转子转动。转子转动的方向用左手定

则。定子绕组展开如图3-5-9a所示。

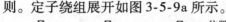
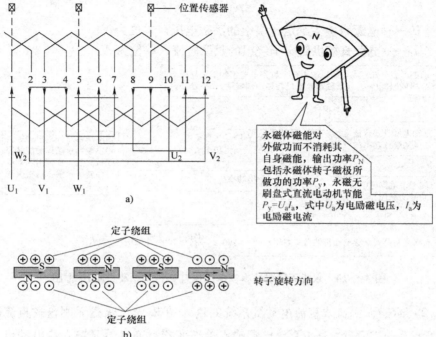

永磁体磁能对外做功而不消耗其自身磁能，输出功率P_N包括永磁体转子磁极所做功的功率P_y，永磁无刷盘式直流电动机节能$P_y=U_aI_a$，式中U_a为电励磁电压，I_a为电励磁电流

图3-5-9 永磁无刷盘式直流电动机的转动机理

a）由逆变器将直流电逆变成三相的4极12槽定子绕组展开图

b）4极三相12槽永磁无刷盘式直流电动机转子转动机理示意图

由于直流电被逆变器逆变成三相或四相，且相间相位差的角度相等，故转子在任何位置都会转动。在转子转动时，定子绕组的电流方向也在改变，定子旋转磁极拖动转子永磁体磁极同步转动，将电能转换成机械能。

第六节　永磁无刷盘式直流电动机的输入功率、输出功率、效率及节能

永磁无刷盘式直流电动机的转子磁极是永磁体磁极，永磁体磁极对外做功不消耗其自身磁能。永磁无刷盘式直流电动机的输入功率是直流电或直流电经逆变器逆变成的矩形波或正弦波电流供给定子绕组的励磁功率，而其输出功率是电动机输出转矩将直流电能转换成机械能的功率，它包含转子永磁体做功的功率。

1. 永磁无刷盘式直流电动机的输入功率

（1）永磁无刷盘式直流电动机自身的输入功率P_1^1　永磁无刷盘式直流电动机自身的输入功率P_1^1是指电源直接输入给定子绕组励磁的功率，如图3-5-10所

示，其表达为

$$P_1^1 = I_f U_f$$

式中　U_f——电源直接供给定子绕组的励磁电压，单位为 V；

　　　I_f——电源直接供给定子绕组的励磁电流，单位为 A。

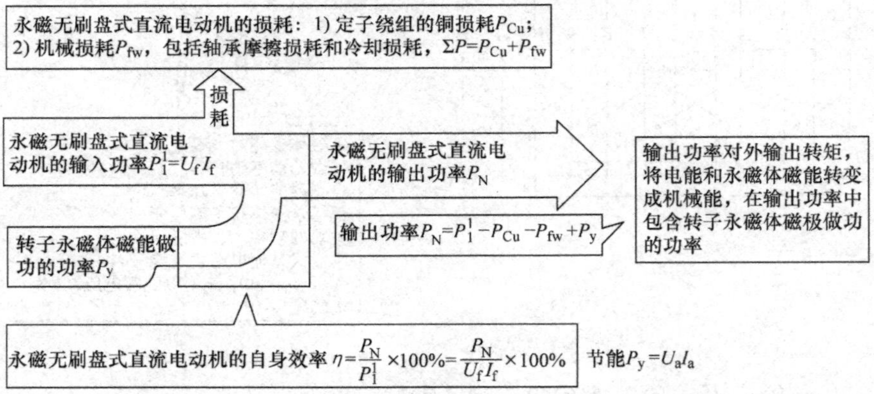

永磁无刷盘式直流电动机的损耗：1）定子绕组的铜损耗P_{Cu}；
2）机械损耗P_{fw}，包括轴承摩擦损耗和冷却损耗，$\sum P = P_{Cu} + P_{fw}$

损耗

永磁无刷盘式直流电动机的输入功率$P_1^1 = U_f I_f$

永磁无刷盘式直流电动机的输出功率P_N

输出功率对外输出转矩，将电能和永磁体磁能转变成机械能，在输出功率中包含转子永磁体磁极做功的功率

转子永磁体磁能做功的功率P_y

输出功率$P_N = P_1^1 - P_{Cu} - P_{fw} + P_y$

永磁无刷盘式直流电动机的自身效率 $\eta = \dfrac{P_N}{P_1^1} \times 100\% = \dfrac{P_N}{U_f I_f} \times 100\%$　节能$P_y = U_a I_a$

图 3-5-10　永磁无刷盘式直流电动机自身效率 η 及节能 P_y 框图

（2）永磁无刷盘式直流电动机系统的输入功率 P_1^2　永磁无刷盘式直流电动机系统的输入功率 P_1^2 是指直流电源输入给逆变器且逆变器又输入给电动机的功率，如图 3-5-11 所示。

$$P_1^2 = UI$$

式中　U——供给逆变器的直流电压，单位为 V；

　　　I——供给逆变器的直流电流，单位为 A。

2．永磁无刷盘式直流电动机的损耗

永磁无刷盘式直流电动机的损耗分为电动机的自身损耗和电动机的系统损耗。

（1）电动机的自身损耗。

1）电动机自身损耗的铜损耗 P_{Cu} 是由于定子绕组有电阻，当绕组有电流通过时所产生的损耗，它是通过绕组的电流的二次方与绕组电阻的乘积，表达为 $P_{Cu} = I_f^2 R$，如图 3-5-10 所示。

2）电动机的机械损耗 P_{fw} 包括轴承的摩擦损耗和冷却损耗。

3）永磁无刷盘式直流电动机自身的总损耗 $\sum P = P_{Cu} + P_{fw}$，单位为 W。

（2）电动机的系统损耗　电动机的系统损耗包括逆变器的损耗 P' 和其自身损耗 $\sum P$ 之和，如图 3-5-11 所示，即

$$P = \sum P + P' = P_{Cu} + P_{fw} + P'$$

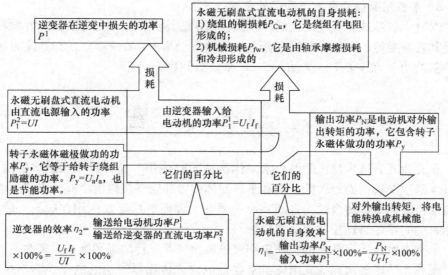

永磁无刷盘式直流电动机的系统效率η=逆变器的效率η₂×电动机的自身效率η₁

$$= \left(\frac{U_f I_f}{UI} \times \frac{P_N}{U_f I_f} \right) \times 100\% = \frac{P_N}{UI} \times 100\%$$

永磁无刷盘式直流电动机节能$P_y = U_a I_a$

图 3-5-11 永磁无刷盘式直流电动机自身效率、系统效率及节能

3. 永磁无刷盘式直流电动机的输出功率 P_N

永磁无刷盘式直流电动机的输出功率 P_N 是其对外输出转矩的功率，它包括输入的功率减去损耗功率所剩下的功率与转子永磁体磁极做功的功率 P_y 的和。

4. 永磁无刷盘式直流电动机的效率

永磁无刷盘式直流电动机有自身效率和系统效率之分，如图 3-5-10 和图 3-5-11所示。

（1）永磁无刷盘式直流电动机的自身效率 η_1。

$$\eta_1 = \frac{P_N}{P_1^1} \times 100\% = \frac{P_N}{U_f I_f} \times 100\%$$

式中，$P_N = P_1^1 - P_{Cu} - P_{fw} + P_y$，$P_y$ 为转子永磁体做功的功率，单位为 W。

（2）永磁无刷盘式直流电动机的逆变器效率 η_2。

$$\eta_2 = \frac{P_1^1}{P_1^2} \times 100\% = \frac{U_f I_f}{UI} \times 100\%$$

（3）永磁无刷盘式直流电动机的系统效率 η。

$$\eta = \eta_1 \cdot \eta_2 = \left(\frac{P_N}{U_f I_f} \times \frac{U_f I_f}{UI} \right) \times 100\% = \frac{P_N}{UI} \times 100\%$$

5. 永磁无刷盘式直流电动机的节能

永磁无刷盘式直流电动机的转子磁极是永磁体磁极，永磁体磁极对外做功不消耗其自身磁能，其做功的功率是电动机输出功率 P_N 的一部分，其节能为转子电励磁的功率 $P_y = U_a I_a$，如图 3-5-10 和图 3-5-11 所示。

 ## 第七节 小 结

永磁盘式直流电动机的两个永磁体磁面同时使用，充分利用永磁体的磁能，并且永磁两个极面面对气隙，有利于永磁体磁极和定子绕组的冷却。由于永磁盘式电动机轴向短，适合轴向空间狭窄的地方，因而被广泛地应用在航天、航空、舰船、空间站、自动控制等诸多领域。

永磁有刷盘式直流电动机需定期对机械换向器进行清理和维护，现在已不多用。现在小功率的永磁盘式电动机主要是以位置传感器控制的电子换向器居多。较大功率的永磁盘式电动机基本上都采用将直流电逆变成三相矩形波电流或三相正弦波电流驱动的永磁无刷盘式电动机。

用三相矩形波电流或三相正弦波电流驱动的永磁无刷盘式电动与永磁盘式三相发电机是可逆的。当外转矩驱动镶嵌永磁体磁极的转子转动时，转子永磁体磁极的磁通切割定子绕组，定子绕组就会产生三相交流电输出。所不同的是当三相永磁无刷盘式电动机转为三相永磁盘式发电机时，不用位置传感器等装置。

第六章

永磁交流电动机

永磁体对外做功不消耗其自身磁能,利用永磁体磁极做转子磁极的交流电动机体积小、重量轻、温升低、噪声小、效率高、功率因数高、节省材料、节能 10% ~ 20%。

第一节 永磁交流电动机的结构、
起动、反转及调速

1. 永磁交流电动机的结构

永磁交流电动机的结构除转子之外的其他结构与常规交流异步电动机相同,其转子由转子毂上镶嵌或粘贴永磁体磁极及转子轴等组成。图 3-6-1 所示为永磁交流电动机结构示意图。永磁交流电动机的定子铁心由导磁性良好的冲有定子槽的硅钢片叠加而成,定子槽内嵌放定子绕组。定子铁心安装在机壳内,机壳由灰铸铁铸成,机壳外铸有散热片,或由钢板焊接而成,机壳外焊有散热片。转子由转子轴两端用轴承与前、后端盖安装在一起,前、后端盖再安装在机壳上。功率不大转速较高的电动机可在轴上安装自扇风冷风扇,功率较大的电动机需外置风机冷却或采用水冷或氢冷。转子总成应进行动、静平衡。

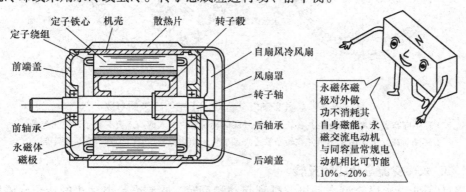

图 3-6-1 永磁交流电动机结构示意图

2. 永磁交流电动机的起动

1）永磁交流电动机顺利起动的条件是它的每极每相槽 q 不能为整数，必须是分数，即 $q = b + c/d$，b 为整数部分，c/d 为分数部分。每极每相槽数之所以必须是分数是因为转子永磁体磁极 $2P$ 是偶数，如 $2P = 2$ 极，$2P = 4$ 极，$2P = 6$ 极，$2P = 8$ 极等，如果每极每相槽数为整数，则转子永磁体磁会——对应地吸引定子齿，使永磁交流电动机无法起动。例如，4 极永磁交流电动机的定子槽数为 36 槽，它的每极每相槽数 $q = 3$，则每极转子永磁体磁极吸引九个定子齿，永磁交流电动机无法起动。

如果定子槽数为 39 槽，则每极每相槽数 $q = z/2Pm = 39 \div (4 \times 3) = 3\frac{3}{12} = 3 + \frac{1}{4}$，说明四个永磁体磁极中只有一个转子永磁体磁极完全吸引其对应的九个定子齿。而其他三个转子永磁体磁极都偏离它们应吸引的定子齿，转子永磁体磁极在转子外径气隙中的吸引力的合力为零，永磁交流电动机可以顺利起动。

2）在转子铁心外径冲有槽或孔，并在槽或孔内铸入或嵌入金属导条，导条端部短路，形成转子永磁体磁极与导条异步起动的共同起动，如图 3-6-2a 和 b 所示。

3）永磁交流电动机的转子永磁体磁极可以布置成与转子轴成一定倾斜角以利于电动机顺利起动，如图 3-6-3a 和 b 所示。

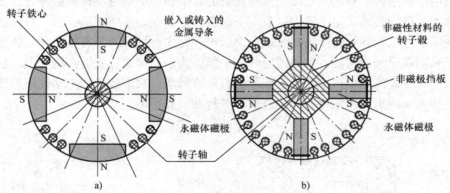

图 3-6-2 永磁交流电动机转子永磁体磁极的布置

a）径向布置的永磁体磁极并在转子铁心外圆的转子槽内嵌入或铸入金属导条，便于起动

b）切向布置的永磁体磁极并在转子铁心外圆的转子槽内嵌入或铸入金属导条，便于起动

3. 永磁交流电动机的反转

为了便于永磁交流电动机的顺利起动和反转，永磁交流电动机的转子永磁体磁极与转子轴线成一定倾斜角度或错位成一定角度，如图 3-6-3a 和 b 所示。也

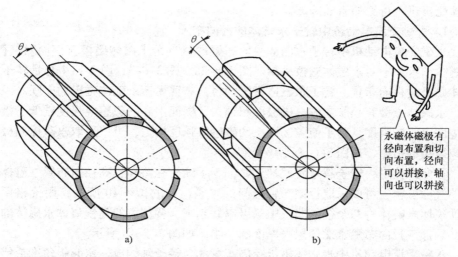

图 3-6-3 永磁交流电动机中永磁体磁极与转子轴绕成一定倾斜角的径向布置
a）转子永磁体磁极与转子轴线成一定倾斜角的径向布置
b）转子永磁体磁极与转子轴线错位成一定倾斜角度的径向布置

可以在转子铁心外径冲有孔或槽，孔或槽与转子轴线成一定倾斜角，孔或槽中嵌入或铸入金属导条，导条端部短路，这样的结果是永磁交流同步和交流异步同时共同起动，这样的结构只要将交流三相中的其中任意两相互相对调，永磁交流电动就会实现反转。

4. 永磁交流电动机的调速

永磁交流电动机可以用调频的方法来实现调速，永磁交流电动机的转速与其极数和频率的关系为

$$n = \frac{60f}{P}$$

式中　P——永磁交流电动机的极对数，一个 N 极和一个 S 极构成一个极对；

f——永磁交流电动机供电三相交流电的频率，单位为 Hz。

当永磁交流电动机的极对数 P 确定后，永磁交流电动机的转速 n 就随着交流电的频率变化而改变，永磁交流电动机就是永磁交流同步电动机。

第二节　永磁交流电动机中转子永磁体磁极的布置

永磁交流电动机中转子永磁体磁极布置有多种形式，其宗旨是最大限度地利用永磁体磁极的磁感应强度，或者说让永磁体的气隙磁密达到最大值，并能对永

磁体磁极进行可靠的有效冷却。

1. 永磁交流电动机中转子永磁体的径向布置

永磁交流电动机中转子永磁体径向布置的特点是永磁体磁极直接面对气隙，漏磁少，且易于对永磁体磁极冷却。图3-6-2a、图3-6-3、图3-6-4都是转子永磁体磁极的径向布置。转子永磁体磁极的径向布置属于永磁体磁极的串联。

永磁体磁极有趋肤效应，磁极面积越大，极面中心的磁感应强度越低于极面周边的磁感应强度。为了使磁极面上的磁感应强度均匀，可以采取永磁体磁极的径向拼接的措施，如图3-6-4a所示。

径向拼接时，转子毂是磁通的磁路，为了缩短磁路和提高径向布置永磁体磁极的气隙磁密，可以采取径向布置极间的串联，如图3-6-4b所示，用价格便宜的铁氧体永磁体将两个极的非气隙磁极串联起来，要注意的是铁氧体永磁体的厚度必须低于径向布置永磁体磁极厚度的一半，如图3-6-4b所示。

永磁交流电动机中永磁体磁极径向布置成与转子轴线成一定倾斜角度或错位布置成与转子轴线成一定角度，如图3-6-3a和b所示，这种布置有利于电动机的起动和反转。

为了永磁交流电动机的起动，转子永磁体磁极径向布置成图3-6-2a所示的形式。在转子铁心硅钢片外径冲有孔或槽，孔或槽内嵌入或铸入与转子轴成一定倾斜角的导条，导条端部短路，这种布置的永磁体磁极有利于电动机起动和反转。

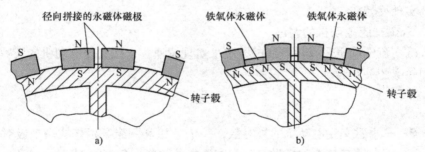

图3-6-4 永磁交流电动机转子永磁体磁极的径向布置与径向
永磁体磁极的拼接与串联拼接

a）永磁体转子磁极径向布置与径向拼接，拼接时永磁体磁极不能彼此接触　b）永磁体转子磁极径向布置与径向拼接且异极用廉价的铁氧体永磁体串联，铁氧体永磁体高度不应超主磁极的一半

2. 永磁交流电动机中永磁体磁极的切向布置

永磁体磁极的切向布置是两个同性极将它们的磁通同时贡献给一个导磁性良好的公共磁极，切向布置的永磁体磁极属于永磁体磁极的并联。永磁体磁极切向布置时，其公共磁极的磁感应强度在永磁体极面积与公共磁极面积相等时，且在

有非导磁材料有效隔磁的情况下，公共磁极的磁感应强度是单个永磁体磁极面的磁感应强度的 1.4 倍左右，不会达到 2 倍。永磁体磁极的切向布置如图 3-6-2b 所示。

3. 永磁体磁极的轴向拼接

由于永磁体充磁电流很大，所以永磁体磁极不可能做得很大，但永磁交流电动机通常需要很长的永磁体磁极，这就需要将永磁体磁极轴向拼接，如图 3-6-5 所示。永磁体磁极的轴向拼接是永磁体非磁极面的串联，磁感应强度略有增加。

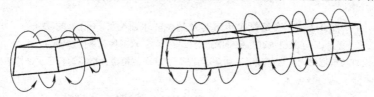

图 3-6-5　永磁交流电动机中永磁体磁极的轴向拼接

第三节　永磁交流电动机的转动机理

1. 永磁交流电动机的转动机理

永磁交流电动机的转动机理与交流异步电动机的转动机理不同。图 3-6-6 所示为永磁交流电动机转动机理原理图。定子绕组的旋转磁极与转子永磁体磁极极性相反，磁极彼此吸引，定子绕组磁极拖动转子永磁体磁极转动。定子绕组旋转磁极的变化频率是交流电的频率，当交流电的频率为 50Hz 时，永磁交流电动机的同步转速与电动机的极数的关系为 $n = 60f$，单位为 r/min。

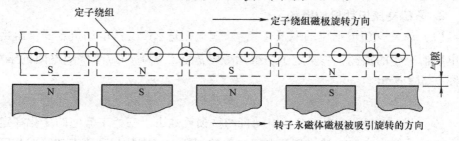

图 3-6-6　永磁交流电动机转动机理示意图

2. 永磁交流电动机的功角特性

图 3-6-7 所示为永磁交流电动机的功角特性示意图。永磁交流电动机是交流同步电动机，在额定负载时，其功角在 0～25°，当负载增大时，其功角也增大，

其超载太大时定子绕组磁极就拖不动转子永磁体磁极，转子停止转动。此时，定子绕组电流急剧上升，如不及时停机，定子绕组将会被烧毁。

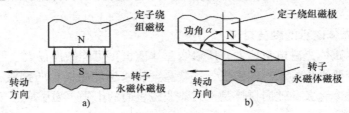

图 3-6-7 在定额定负载时及超载时永磁交流电动机的功角

a）在额定负载时定子绕组磁极吸引转子永磁体磁极同步转动

b）当负载增大时功角也增大，当超载时，功角达到 90°，定子绕组磁极拖不动转子永磁体磁极，转子停转

第四节 永磁交流电动机的功率、效率及节能

1. 永磁交流电动机的输入功率 P_1

永磁交流电动机的输入功率 P_1 是三相交流电源供给永磁交流电动机定子组交流励磁的功率，表示如下：

$$P_1 = P_N + P_{Cu} + P_{Fe} + P_{fw}$$

式中　P_N——永磁交流电动机的输出功率，单位为 W；

$\quad P_{Cu}$——永磁交流电动机的铜损耗，单位为 W；

$\quad P_{Fe}$——永磁交流电动机的铁损耗，单位为 W；

$\quad P_{fw}$——永磁交流电动机的机械损耗，单位为 W。

2. 永磁交流电动机的损耗 $\sum P$

（1）永磁交流电动机的铜损耗 P_{Cu}　铜损耗是永磁交流电动机定子绕组由于有电阻而产生的损耗，它是定子绕组励磁电流的二次方与定子绕组电阻的乘积，如图 3-6-8 所示。

$$P_{Cu} = I^2 R$$

（2）铁损耗 P_{Fe}　永磁交流电动机的铁损耗是由于三相交流电的变化在定子铁心及转子铁心中产生的涡流和磁滞产生的损耗，铁损耗与交流电的频率和气隙磁密有关，如图 3-6-8 所示。

（3）永磁交流电动机的机械损耗 P_{fw}　机械损耗包括电动机的轴承摩擦损耗和冷却损耗，如图 3-6-8 所示。

（4）永磁交流电动机的总损耗 $\sum P = P_{Cu} + P_{Fe} + P_{fw}$。

3. 永磁交流电动机的输出功率 P_N

永磁交流电动机的输出功率是电动机对外输出转矩的功率，它包含转子永磁体磁极做功的功率 P_y，如图 3-6-8 所示。输出功率 P_N 为

$$P_N = P_1^1 - P_{Cu} - P_{Fe} - P_{fw} + P_y$$

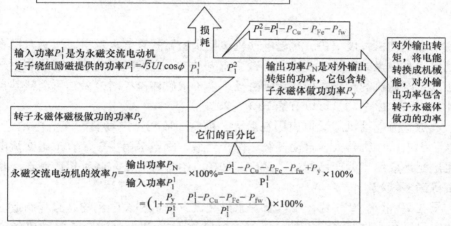

永磁交流电动机输出功率 P_N 包含转子永磁体磁极做功的功率 P_y，永磁交流电动机节能就是永磁体磁极做功的功率 P_y

图 3-6-8 永磁交流电动机的输入功率、输出功率、效率及节能

4. 永磁交流电动机的效率

永磁交流电动机的效率是输出功率与输入功率的百分比，如图 3-6-8 所示。必须指出的是输出功率中包含转子永磁体做功的功率 P_y，其效率为

$$\eta = \frac{P_N}{P_1^1} \times 100\% = \left(\frac{P_1^1 - P_{Cu} - P_{Fe} - P_{fw} + P_y}{P_1^1} \right) \times 100\% = \left(1 + \frac{P_y}{P_1^1} - \frac{\sum P}{P_1^1} \right) \times 100\%$$

5. 永磁交流电动机的节能

永磁交流电动机节能的部分就是转子永磁体磁极做功的功率 P_y，它是永磁交流电动机输出功率的一部分。

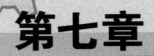

第七章

永磁电动机的未来

　　永磁电动机发展很快。永磁电动机包括永磁靴式直流电动机、永磁有槽直流电动机、永磁盘式直流电动机及永磁交流电动机，它们共同的特点就是利用永磁体磁极做电动机的转子磁极或定子磁极，由于永磁体磁极对外做功不消耗其自身磁能，因而永磁电动机可以节能10%～20%。

　　永磁直流电动机广泛地应用在航天、航空、舰船、电动自行车、电动汽车、高铁、无人机、机器人、自动控制、医疗器械、家电等诸多领域；永磁交流电动机也广泛地应用工业产品制造、采矿、选矿、冶炼、轧制、各种机床制造、食品加工等诸多领域。

　　早在20世纪90年代，中国就有永磁交流发电机和发电机的试验和制造。风力发电机组用永磁交流同步发电机的功率已达到8MW；永磁交流电动机的尝试是采用永磁体切向布置，为了顺利起动和换相反转，在永磁体磁极的转子轴同轴安装了交流异步电动机，起动时，由交流异步电动机与永磁交流电动机共同起动，牵入同步后，切除交流异步电动机，由永磁交流电动机独立对外输出转矩。这种永磁交流电动机在油田抽油机上使用证明可节能10%以上。

　　在永磁电动机的发展中，由于永磁电动机可节能10%～20%，故世界工业发达国家的永磁电动机发展很快。世界各国之所以如此重视永磁电动机的发展，是因为永磁体磁极对外做功不消其自身磁能，所以采用永磁体做磁极的电动机体积小、重量轻、温升低、噪声小、效率高、功率因数高、便于维护、易于管理、可靠性高、节能10%～20%，由其可以做成多极低转速电动机，这是电励磁电动机无法达到的。

　　现以永磁交流电动机为例来说明永磁交流电动机发展的意义。

　　中国是一个拥有14亿人口的发展中大国，国民经济以很高的速度发展，需要大量的电力支持。预计到2020年，中国电力装机容量将达到10亿kW。按永磁交流电动机每年消耗电力35%计算，电动机耗电的装机容量可达3.5亿kW。如果用永磁交流电动机取代常规电励磁的交流异步和交流同步电动机，以节能10%～20%计算，则每年可以节省0.35亿～0.7亿kW的装机容量。按永磁交流电动年工作时间2800h，占全年8760h的32%计算，可以节电980亿～1960亿

kWh，相当于年发电量 23.25 亿 kWh 的火电厂 42~84 个，这是一个令人震惊的数字。

按中国 2002 年电结构和电力耗煤 288 克/kWh 计算，可节煤 380.24 亿 ~760.48 亿千克，即 0.38 亿 ~0.76 亿吨标煤，可以少排放 0.217 亿 ~0.434 亿吨的 CO_2 和 57 万 ~114 万吨的 SO_2，这又是一个惊人的数字。

永磁交流电动机节能 10%~20%，对于一台永磁交流电动机，节能不是很显著，但对于有 14 亿之众的发展中的大国，累计节能效果令人震惊，对于中国节能减排可持续发展有重大意义。

随着永磁电机的发展，势必会拉动磁综合性能更好的永磁体的发展。现在市售的永磁体磁极的磁感应强度还不够高，只有 0.5T 左右，当磁感应强度达到 0.6T 或 0.7T 或更高的永磁体问世时，永磁电机的体积会更小，重量会更轻，会更节省材料，永磁电机的效率会更高，会更节能。相信到那时，永磁电动机取代电励磁电动机将成为必然，这将像内燃机取代蒸汽机一样地不可逆转。永磁电动机的前景广阔，前途光明。

参 考 文 献

[1] 苏绍禹，高红霞. 永磁发电机机理、设计及应用 [M]. 北京：机械工业出版社，2012.

[2] 苏绍禹. 永磁电动机机理、设计及应用 [M]. 北京：机械工业出版社，2016.

[3] 苏绍禹，苏刚. 风力发电机组设计、制造及风电场设计、施工 [M]. 北京：机械工业出版社，2013.

[4] 大连理工大学电工学教研组. 电工学 [M]. 北京：人民教育出版社，1980.

[5] 程守珠，江之水. 普通物理学 [M]. 北京：人民教育出版社，1978.

[6] 赵明生，等. 电气工程师手册 [M]. 北京：机械工业出版社，2000.

[7] WHITE M N, WEBE R L, MANNING K V. General Physics for University Students & Engineering [M]. New York：John Wiley & Sons, 1972.

[8] 李传统. 新能源与可再生能源技术 [M]. 南京：南京大学出版社，2005.